HKPIP

乐活世界 SHOPPING PARADISE

揭秘全球购物中心

主编 香港理工国际出版社

中国林业出版社

图书在版编目（CIP）数据

乐活世界：揭秘全球购物中心 / 香港理工国际出版社 主编
- 北京：中国林业出版社，2011.2
ISBN 978-7-5038-6087-4

Ⅰ. ①乐… Ⅱ. ①香… Ⅲ. ①商业中心－建筑设计－作品集－世界－现代 Ⅳ. ① TU247.2
中国版本图书馆 CIP 数据核字（2011）第 017486 号

中国林业出版社·环境景观与园林园艺图书出版中心
出　　版：中国林业出版社（100009　北京西城区刘海胡同 7 号）
发　　行：新华书店北京发行所
电　　话：（010）83224477
出 版 人：贺李渊
策　　划：香港理工国际出版社
责任编辑：李　顺
编　　辑：高雅雯 梁贻攀 蔡玲
美术指导：易帅 Krilly
印　　刷：利丰雅高印刷（深圳）有限公司
版　　次：2011 年 3 月第 1 版
印　　次：2011 年 3 月第 1 次
开　　本：889mm×1092mm 1 / 12
印　　张：39
字　　数：450 千字
定　　价：298 元

电话、传真：83229512
经销商：北京都市龙腾图书有限公司
凡本书出现缺页、倒页、脱页等质量问题，请向出版社图书营销中心调换。

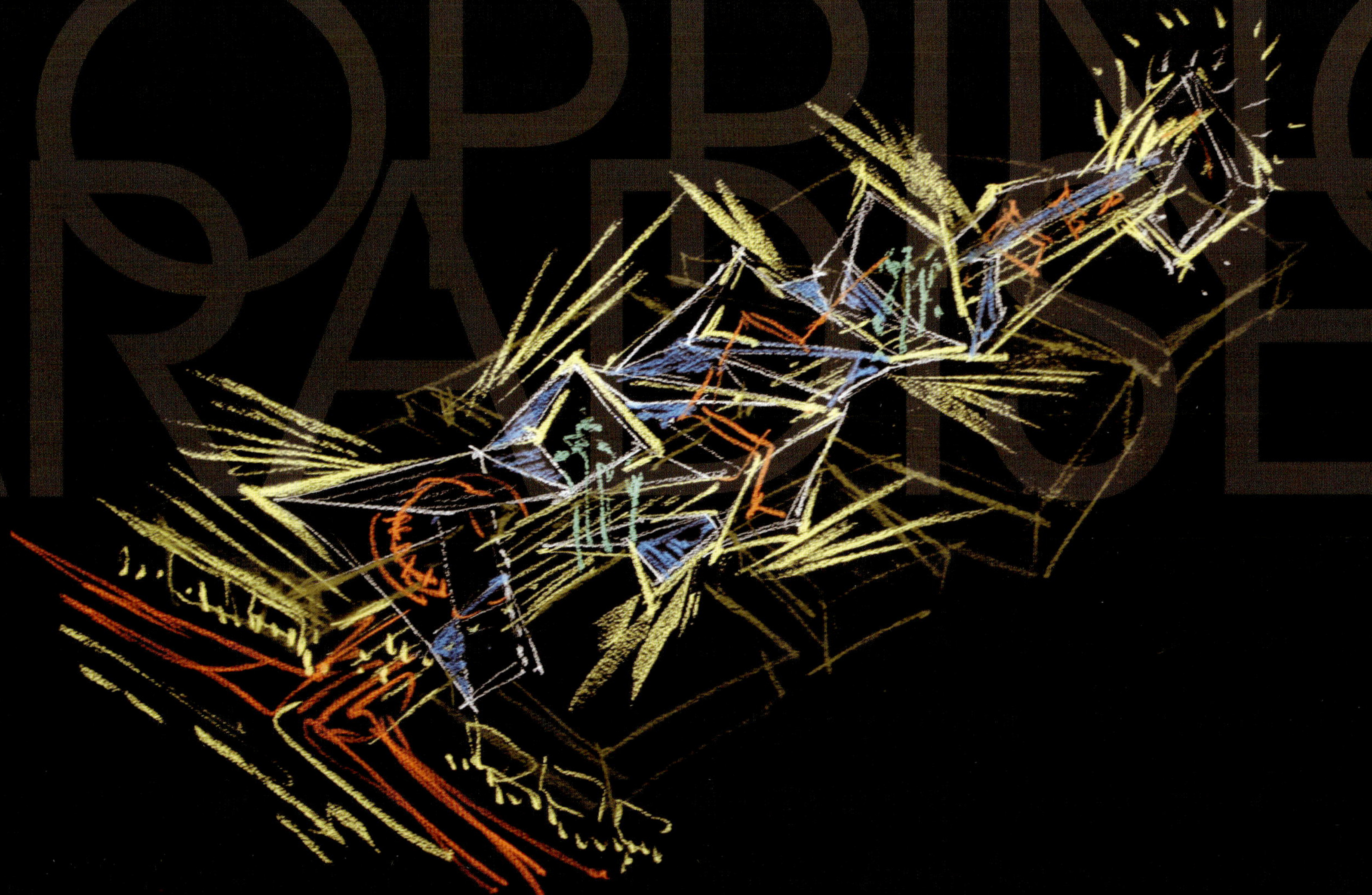

乐活世界

“乐活”，即Lifestyle of Healthy and Sustainability，是由美国社会学家保罗·雷在1998年提出的“健康可持续性生活方式”的概念，它倡导了一种比诸如环保、绿色等更为健康而积极的生活方式。事实上，快乐的生活也的确需要通过“可持续发展“来实现。

近年来，“乐活“这个新鲜的概念正在获得越来越多的关注。乐活是一种生活理念，一种健康的生活方式，也是一种文化内涵，一种时代产物。它的概念在现实世界中变得越来越宽泛，至少从表面上看，简洁与实用地设计未来将成为乐活的标志。当乐活已经渗透到全球化经济的每一个毛细血管，设计师在选择建筑材料的时候也会首先考虑它是否绿色，是否环保。于是，我们也拥有越来越多的绿色生态建筑。各种新技术、新材料的运用使空间环境得以改善，Shopping Mall 也由单纯地为人们提供休闲娱乐的商业街转变为提供更舒适、更健康的购物天堂，从而大大提高了人们的生活质量。“乐活“式“人本主义“的设计理念将使设计师面临一次全新的挑战，从设计时尚转为设计生活，也使更多人重新认识设计，重新思考生活。

前言

Shopping Mall这种商业航母业态，于20世纪50~60年代在美国等发达国家盛行，并逐渐以其购物、餐饮、休闲、娱乐、旅游等综合性经营模式与完美的环境配套设施风靡欧、美、日以及东南亚各国。现已成为当今世界发展速度最快、影响力最广、综合竞争力最强的成功商业模式。

作为零售业发展历程中的最高形式，Shopping Mall在其发展过程中也呈现出不同的风格：美国Shopping Mall主要依托市郊高速公路建立封闭式大型购物中心，规模巨大、设计简洁是其显著的特征。欧洲在沿袭美国模式的基础上，不断以旧城市商业中心的改造和复古建筑、人文设计赋予购物中心新的发展内容。日本、东南亚地区自20世纪70年代大量出现的购物中心，有以"大型仓储式超市"替代百货店作为主力的发展趋势，重点突出休闲娱乐功能和商品成本优势。

随着经济文化全球化，改革开放日趋成熟，经济高速增长，人民生活水平日益提高，作为商业活动重要建筑载体的Shopping Mall在主要大城市中正面临着建设的高潮。而在全球宣扬"乐活"的今天，现代Shopping Mall也不再是单纯地关注建筑问题，而要考虑到建筑与整个城市之间的协调。比如在拉斯维加斯的Crystals at CityCenter的设计和建筑中，皆采用最环保的方式和材料，体现出极为强烈的绿色意识。再比如日本的Mozo Wondercity和 ARURU的设计中结合最新科技减少了20%的CO_2排放量；法国南特的Beaulieu Centre在环境方面也大大增强，如屋顶装有预制隔热板，卸货区建有隔音隧道等等。

本书辑录了近30间世界各大城市最具想象力与创造力的Shopping Mall设计方案，作为记录当代全球超级购物中心设计成就的坚实见证。全书以Shopping Mall的建筑设计为核心，将"乐活"概念贯穿其中，图文并茂，向您展示最优秀的设计方案。希望世界专家和广大读者多多提出各方面的宝贵意见，以臻完善。

放慢步调，体验生活……

目录

Rotterdam Market Hall

项目名称：鹿特丹商场

项目地址：荷兰，鹿特丹

项目状态：在建

总 面 积：100,000 m^2

建筑设计：MVRDV建筑设计事务所

设施类型：购物、娱乐、住宅

开 发 商：Provast Nederland bv, The Hague, Netherlands

项目总览

鹿特丹商场是一间集餐饮、娱乐、住宿和停车场为一体的综合项目。为增强和充分利用建筑不同功能的协同性，于是一栋新的公建应运而生。

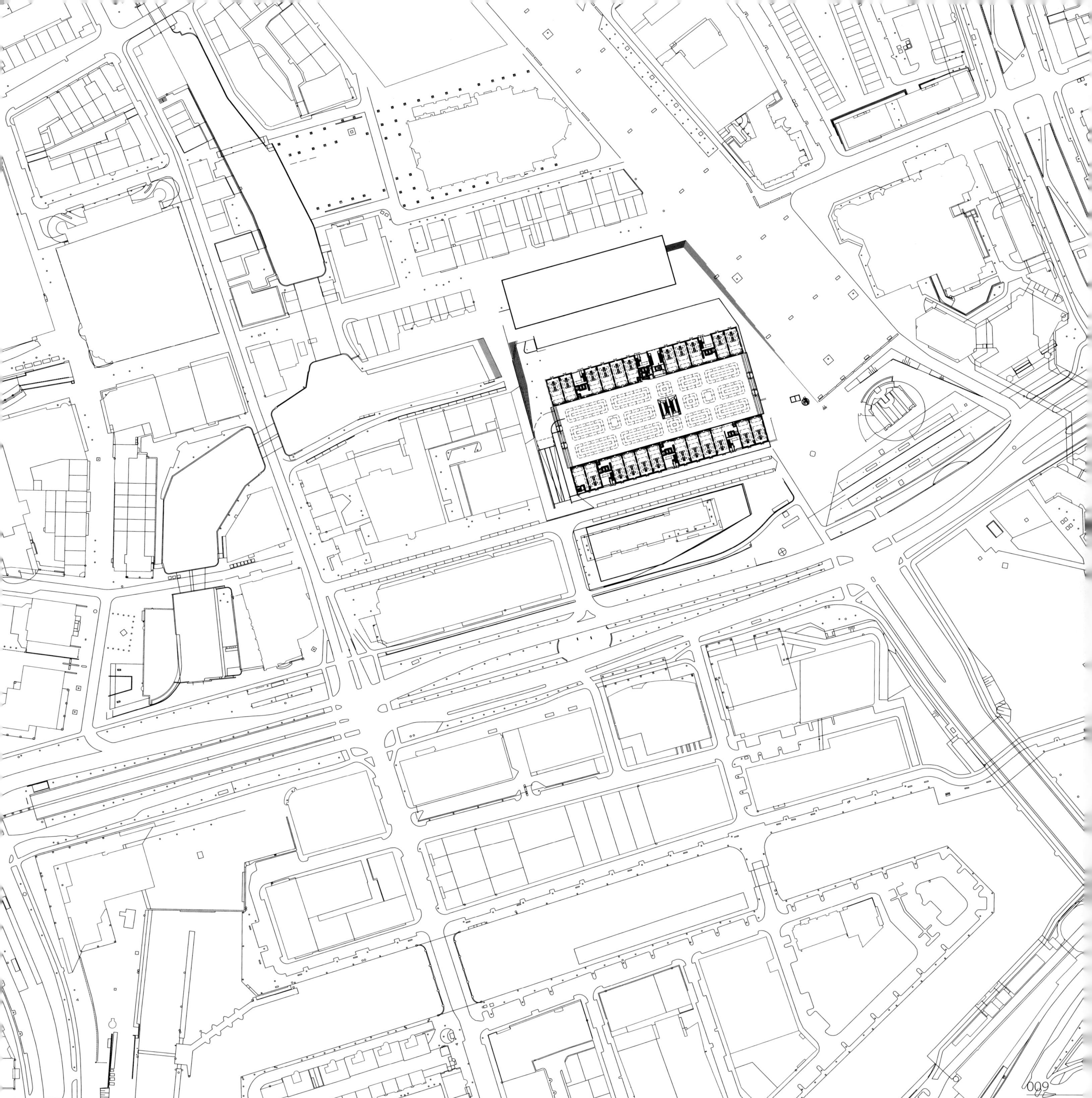

这座拱形建筑共由228间寓所构成，其中有102间用来出租。内部的大型商场包含有100多个市场摊位、商铺、餐馆、1,200个停车位以及一间地下超市。每间寓所的外部都配有阳台和一扇朝向商场内部的窗，同时，这种独立性也可免受外界干扰。40m等宽高的前后门上设计有灵活的悬浮玻璃幕墙，设计者试图用最简单的建筑结构使其保持最大的透明度。同时，商场内部有多种类型的商品在进行销售。

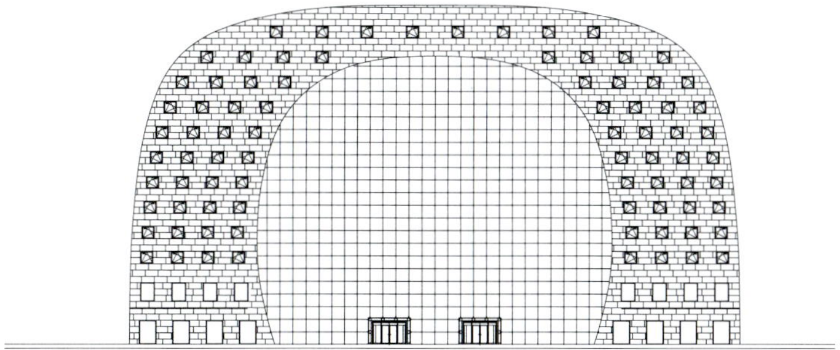

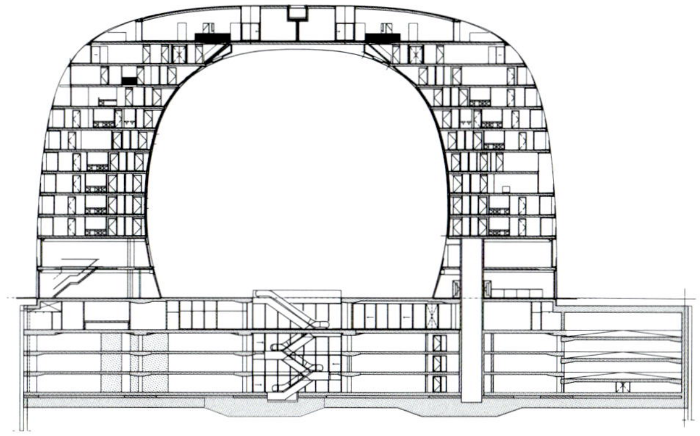

剖面图 -1

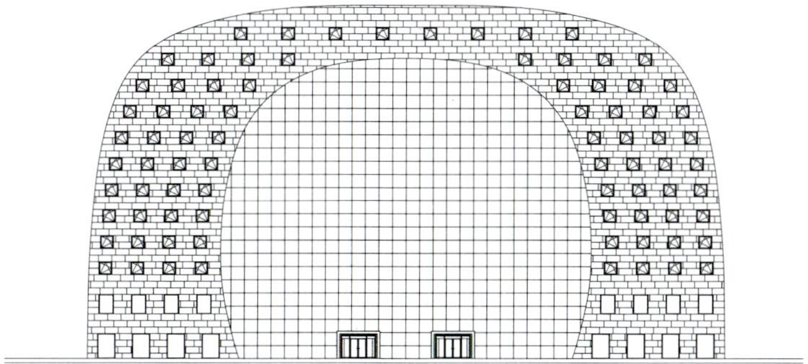

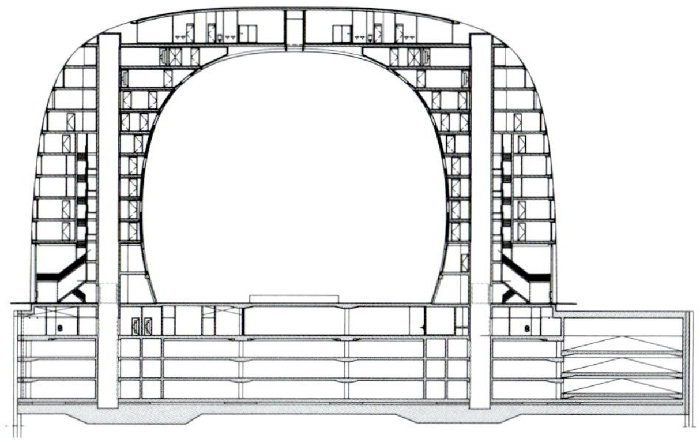

立面图 -1

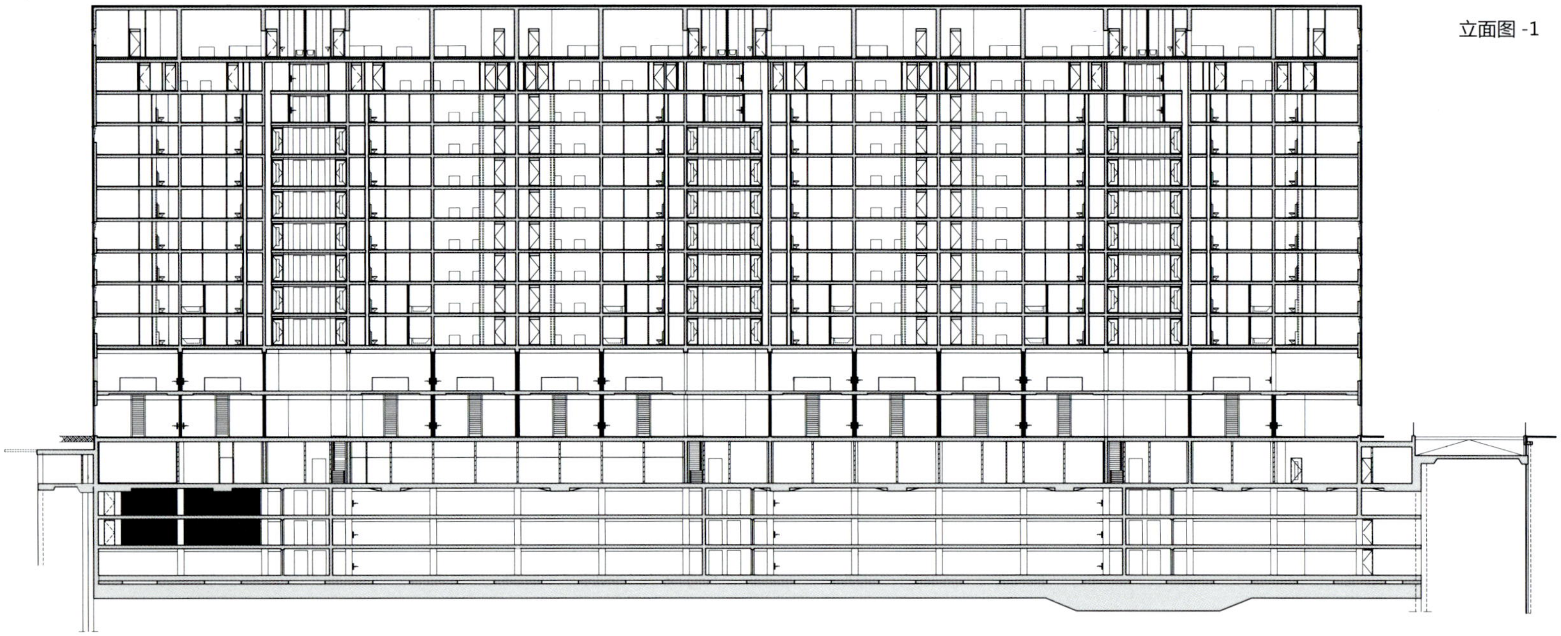

立面图 -2

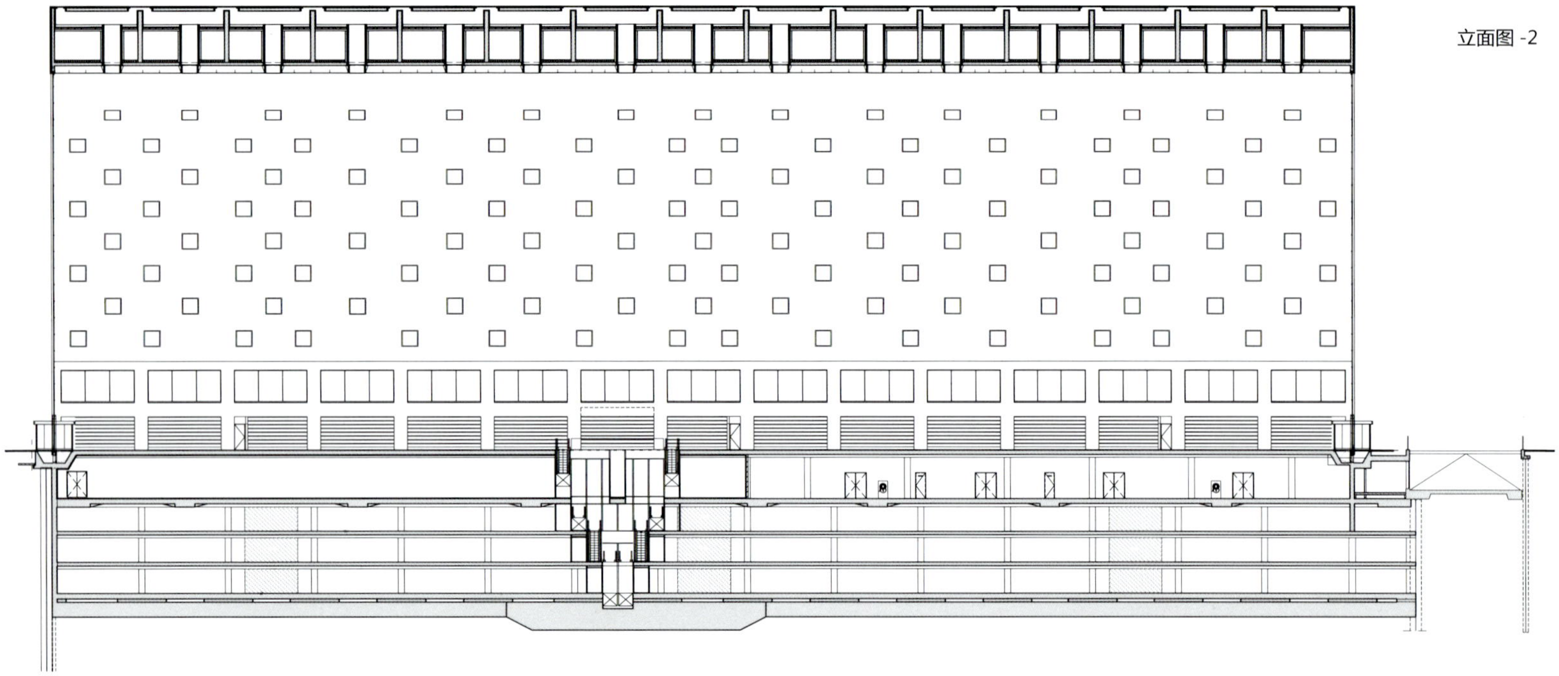

立面图 -3

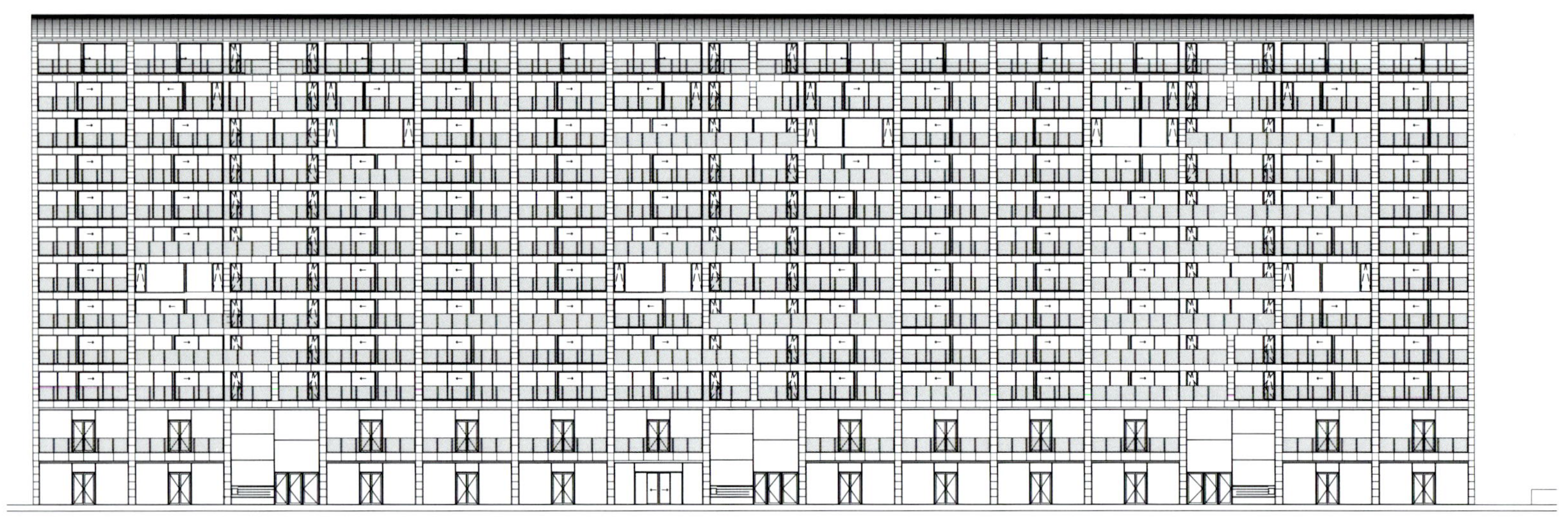

323

VERSE GROENTEN EN FRUIT
VERSE GROENTEN EN FRUIT
VERSE GROENTEN EN FRUIT
VERSE GROENTEN EN FRUIT
Brood en Gebak

Markthal

John Lewis Department Store and Cineplex

项目名称：约翰·路易斯百货商场和多观众厅电影院
项目地址：英国，莱斯特
竣工时间：2008 年
总 面 积：34,000 m^2
建筑设计：Foreign Office Architects（FOA）
设施类型：购物、娱乐
开 发 商：Shires GP Limited: Hammerson plc. / Hermes plc.

项目总览

约翰·路易斯百货商场是购物中心的模范先锋，设计师还通过百货商铺和电影院等功能的补充诠释了Vaughan大道的激情和活力。

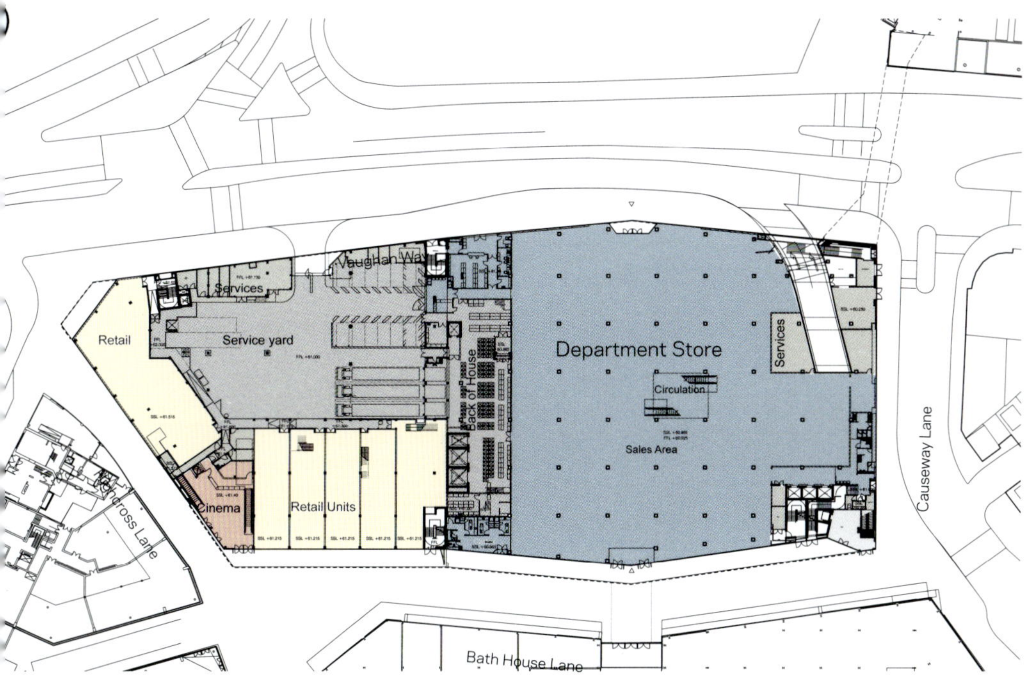

平面图

约翰·路易斯百货商场

商场按照传统的设计理念，内部装修空白，以便经营商户可以更加灵活地布置商铺的内部格局。建筑外表面是带有图案的双层釉面墙壁，看起来像网格幕帘。于是，在商场内部和城市街道间就有了一定的透明度，阳光透过玻璃散落在商场的地板，街道的行人还可以一睹商场内的风貌。同时，商场内部在布局上也会随潮流的趋势而不断变化，十分灵活。

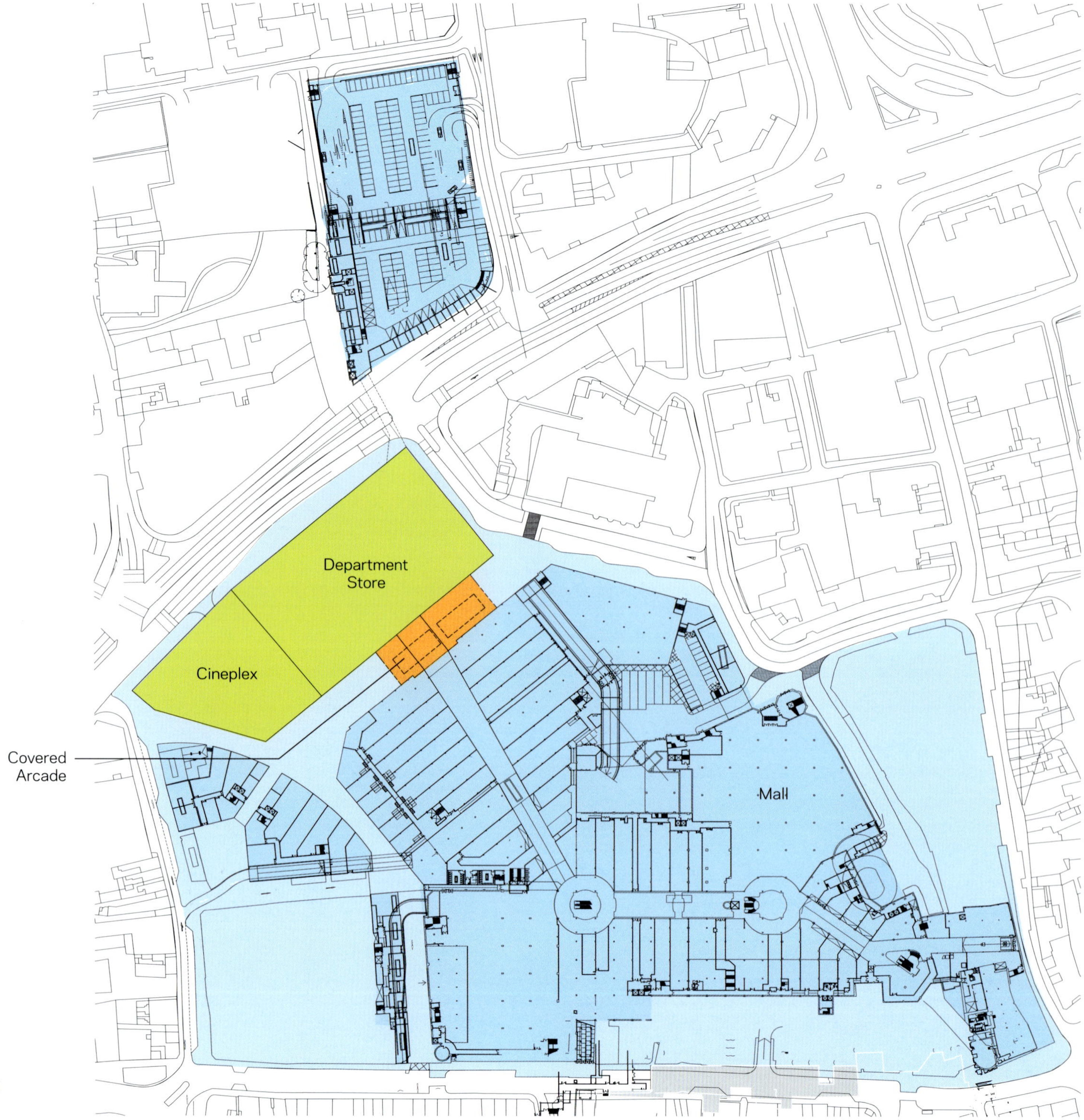
Department
Store
Cineplex
Covered
Arcade
Mall
全景平面图

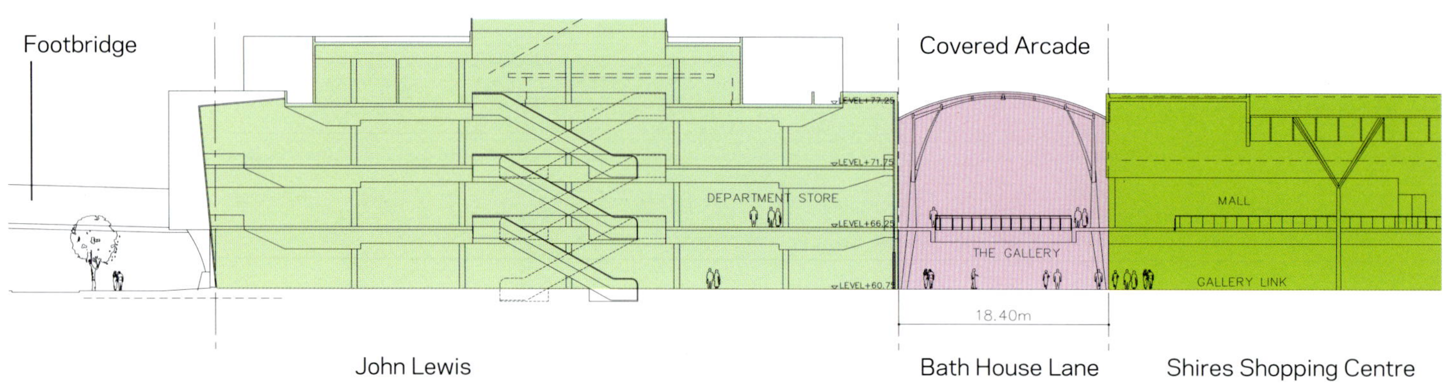
Footbridge
Covered Arcade
DEPARTMENT STORE
THE GALLERY
MALL
GALLERY LINK
18.40m
John Lewis
Bath House Lane
Shires Shopping Centre
立面图

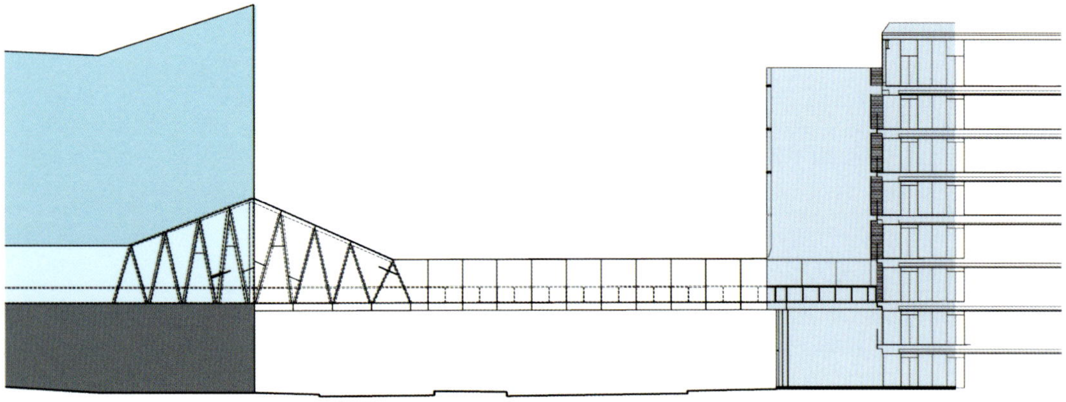

Department Store　Vaughan way　Car Park

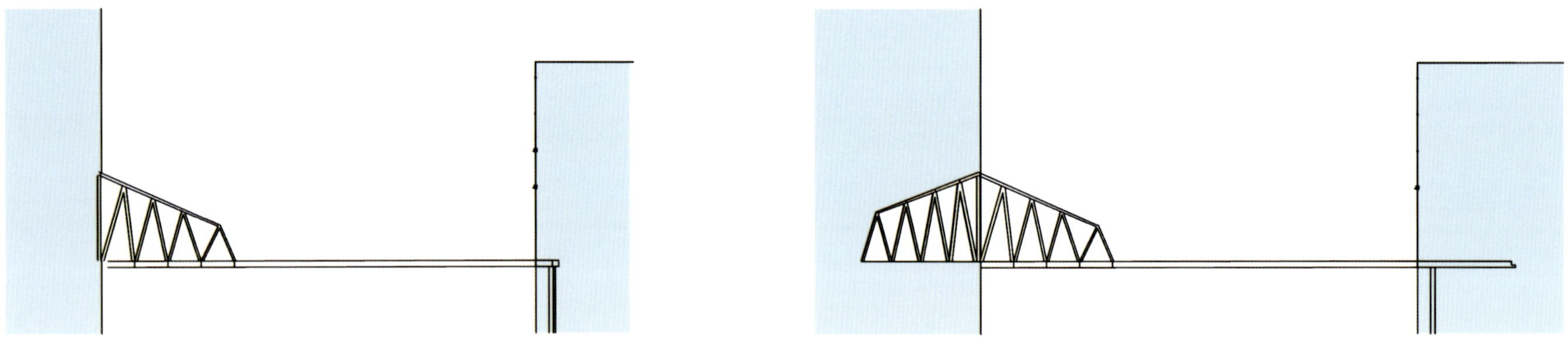

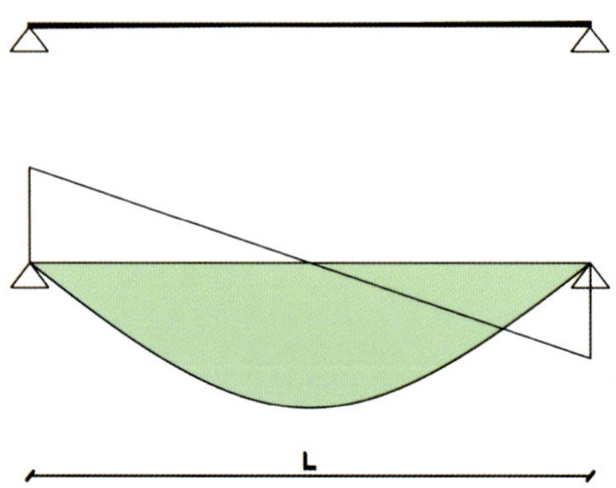

Single span with supporting on either ends

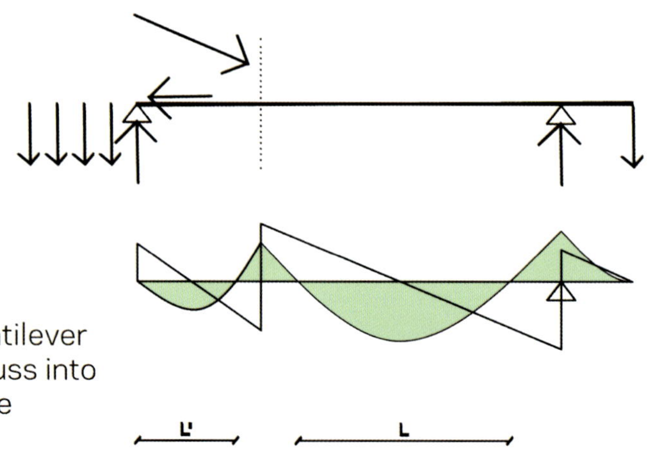

Truss acts as cantilever with backspan truss into Department Store

Resulting in large moments and deflection.
Extra Column required

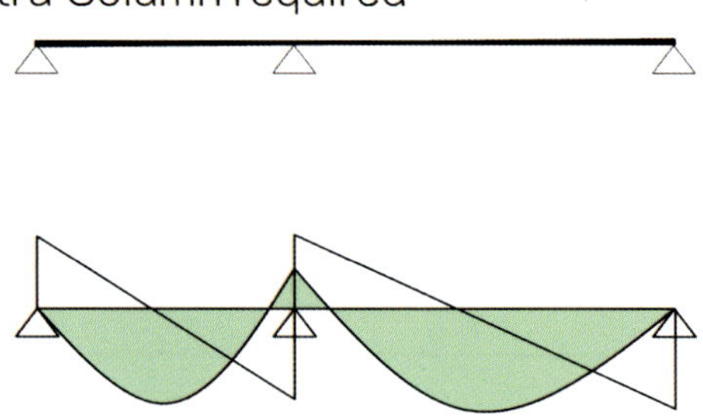

Continuous span over intermediate support

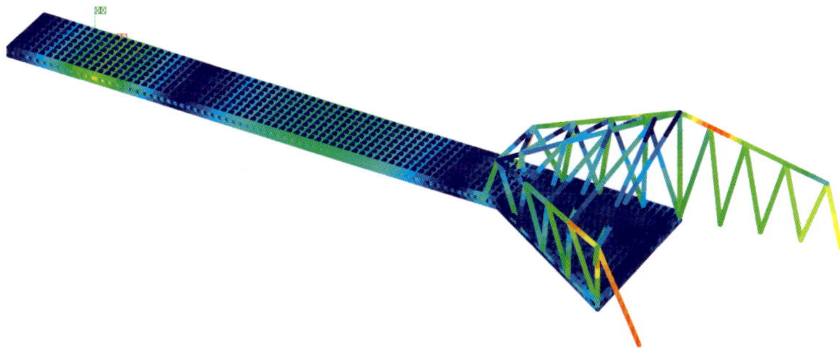

Bridge Reaction Scheme

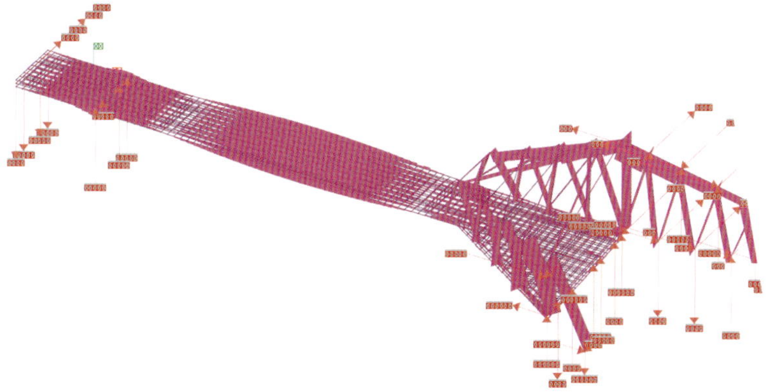

Bridge Reaction Scheme

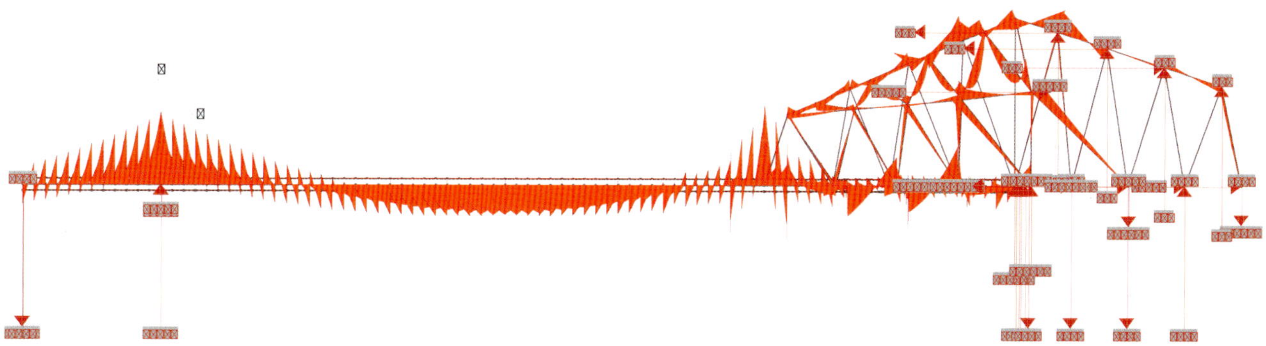

Reaction and Moment Scheme

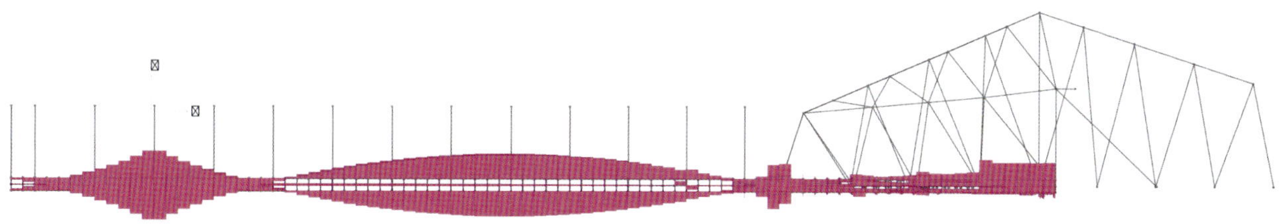

Axial Force Scheme

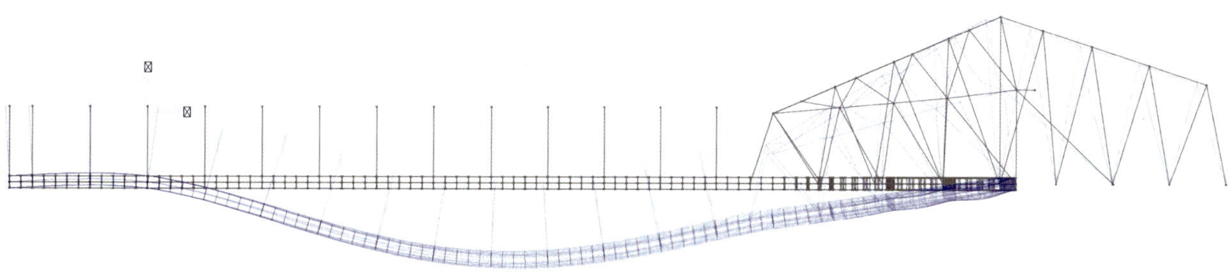

Bridge Deflection

John Lewis
Everything for you and your home

John Lewis

立面图

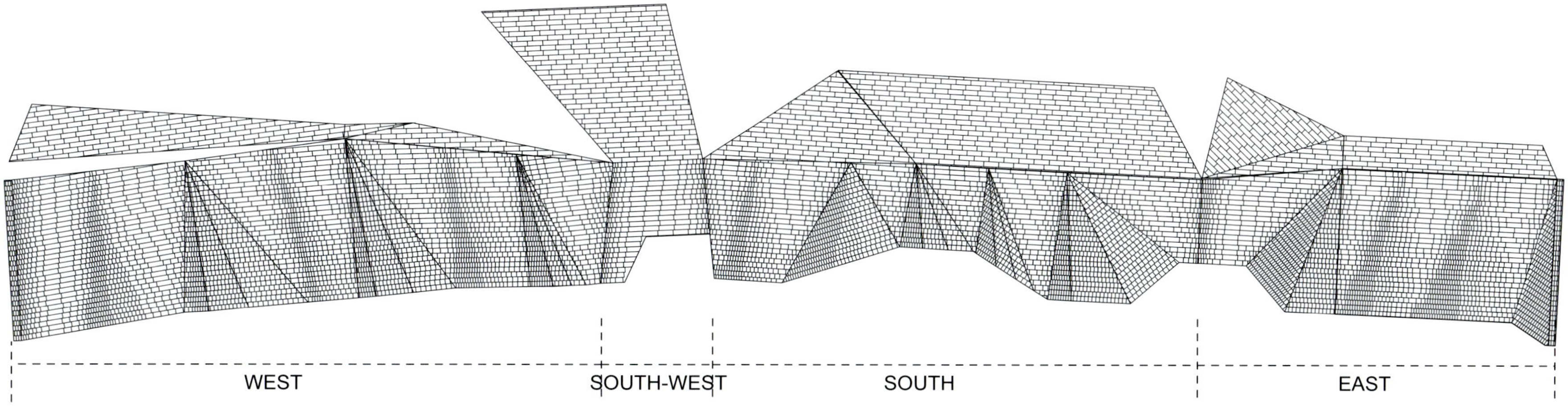

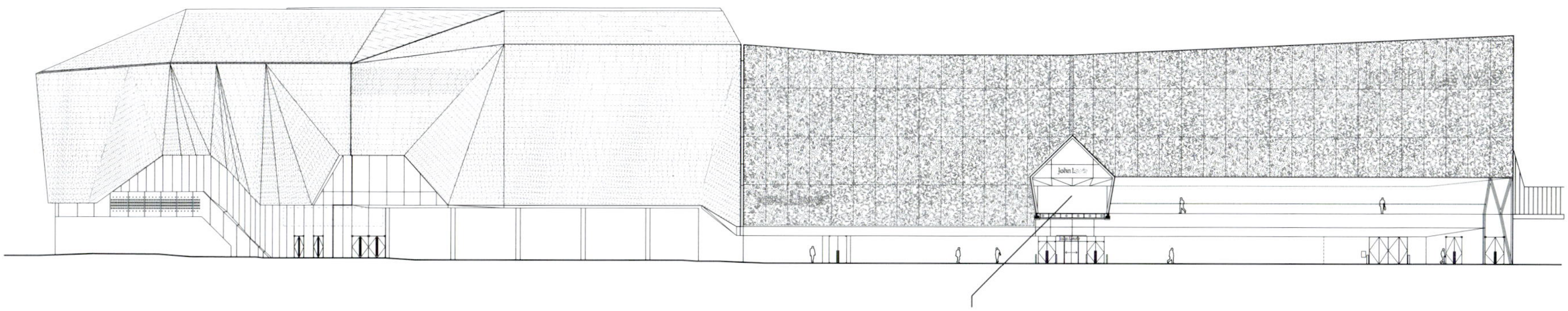

剖面图 -1

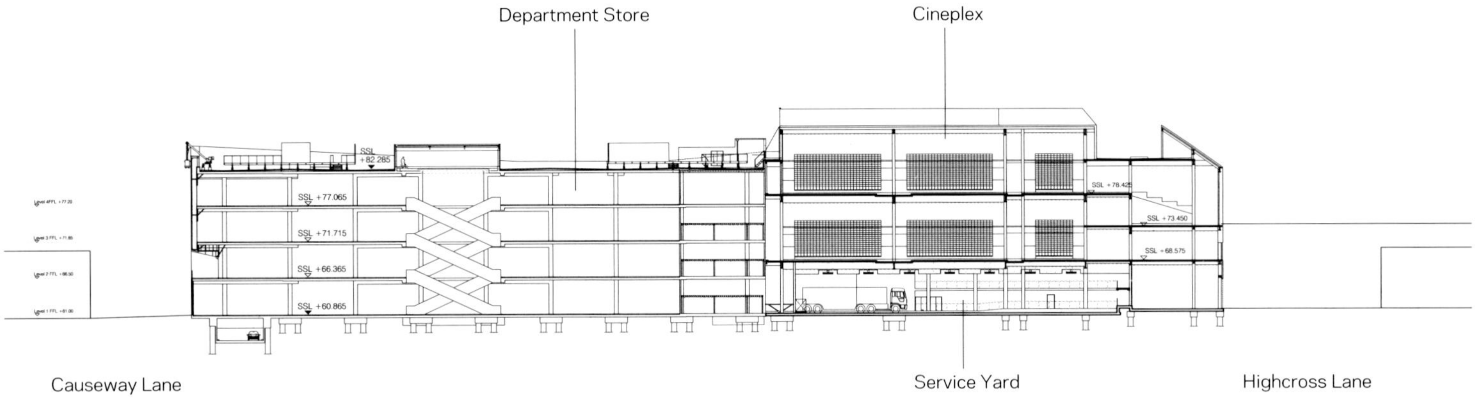

Longitudinal Section through Department Store and Cineplex

剖面图 -2

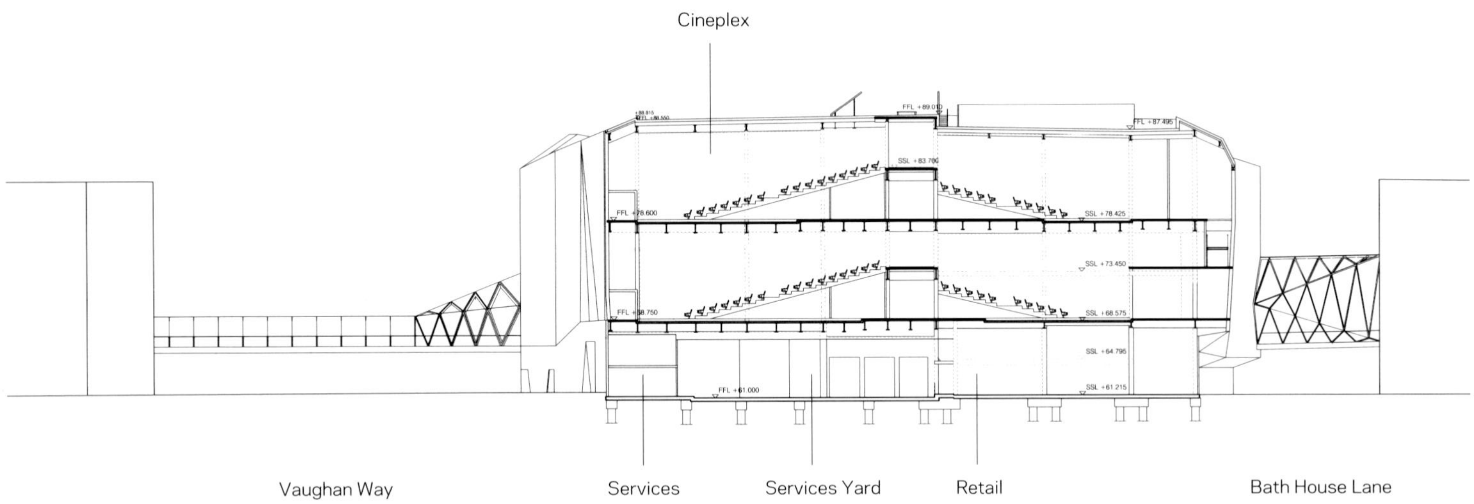

Tranversal Section through Cineplex

剖面图 -3

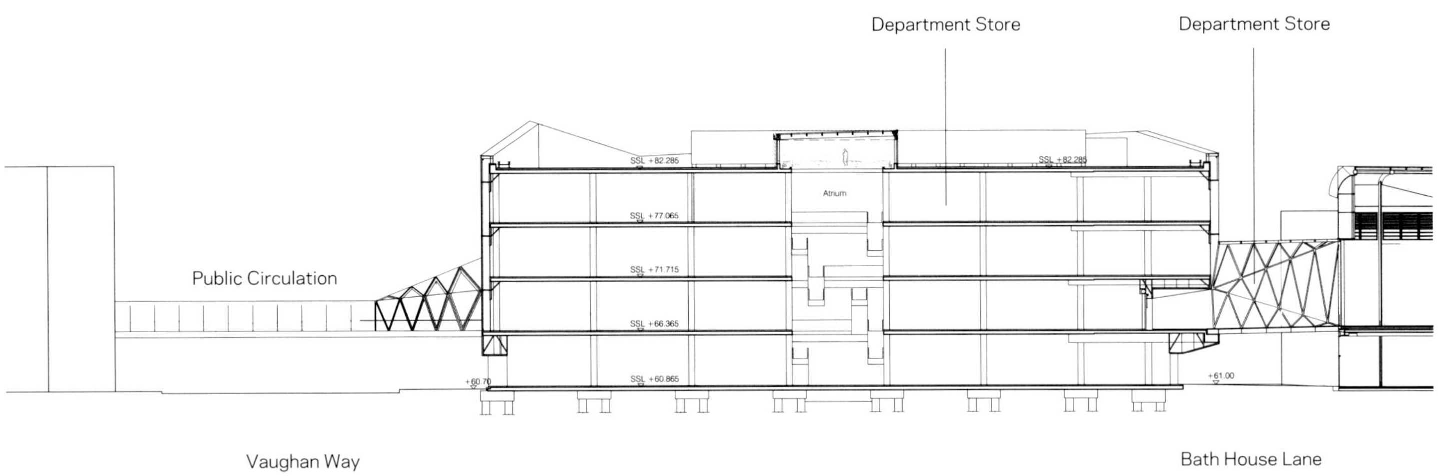

功能分析图 -3

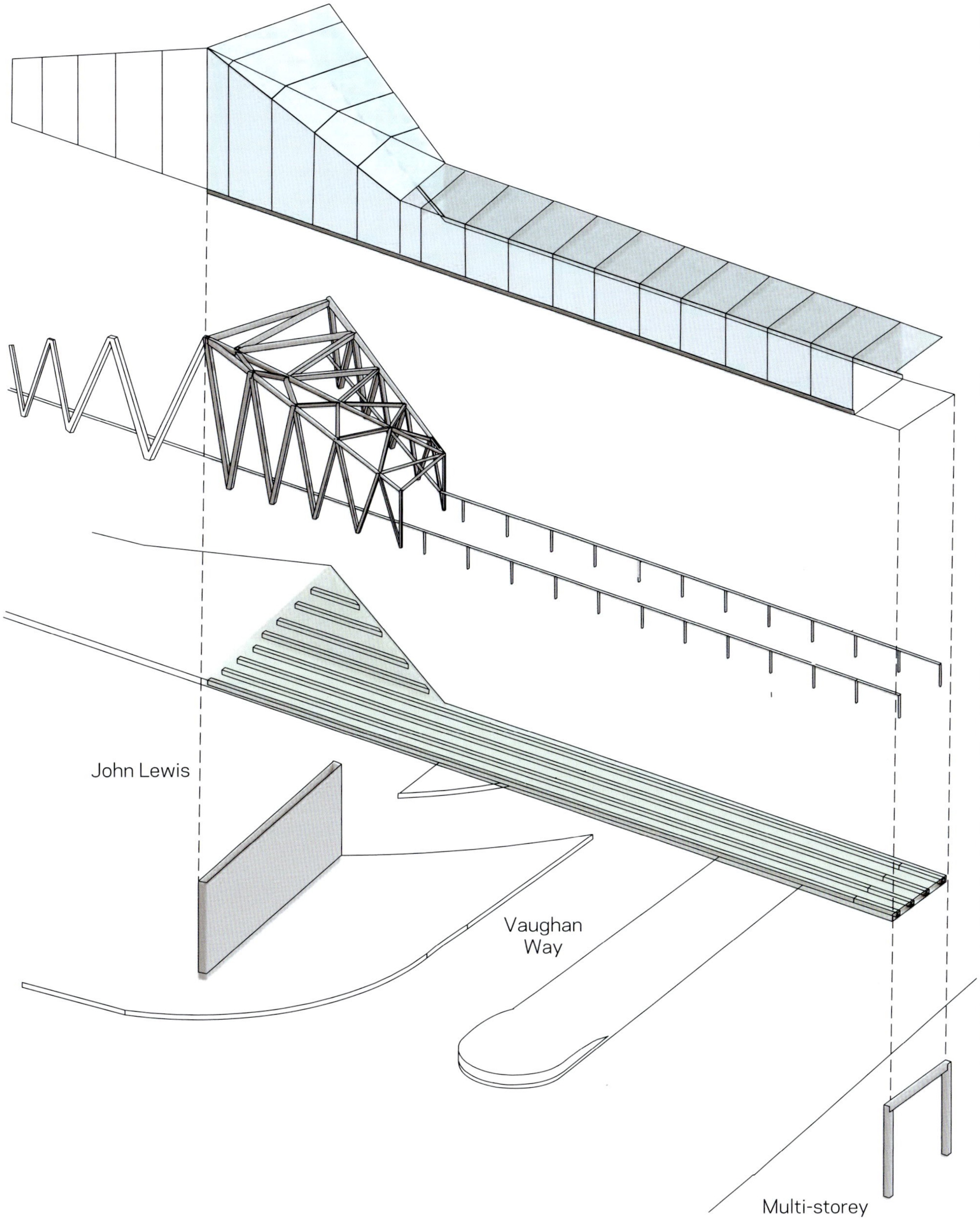

FOA的设计中借鉴了Leicester和John Lewis推荐的一些当地设计参考方案，并将其运用到John Lewis选择的纺织图案当中。图案本身由4种不同密度的面板组成，制造出不同程度的透明效果。从正前方看，通过双层的外立面仍可透视商场内部。与此同时，通过玻璃上的图案看街道的风景也有了不同的叠加效果。该设计给人以朦胧感，降低能见度的同时却又增加了视觉的复杂性，令人产生无限遐想，无形中也加强了商场的隐私。

功能分析图 -4

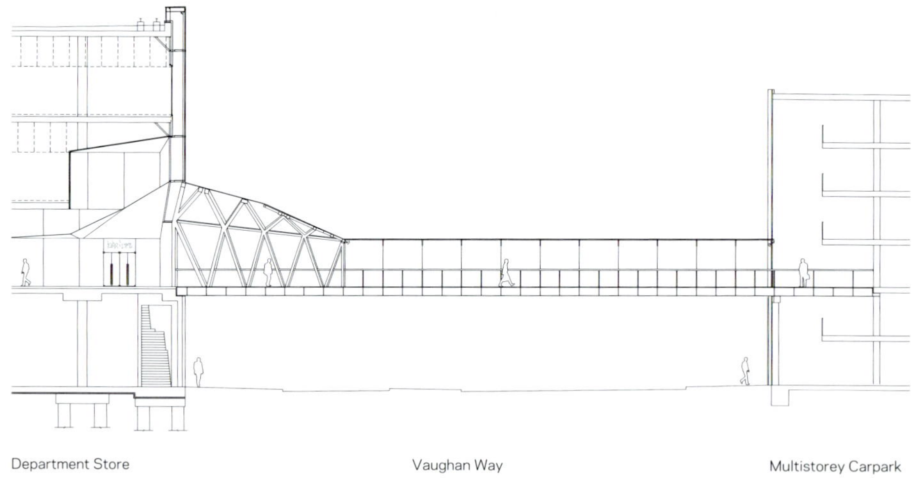

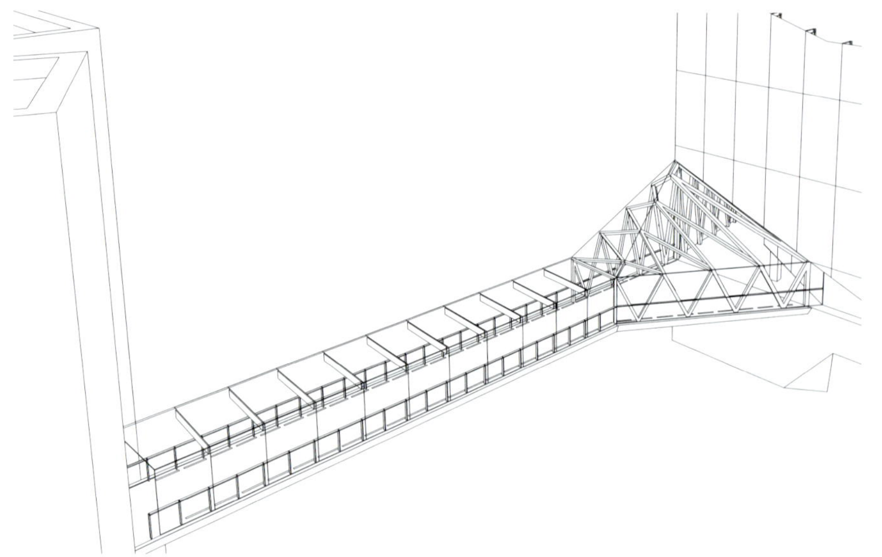

功能分析图 -5

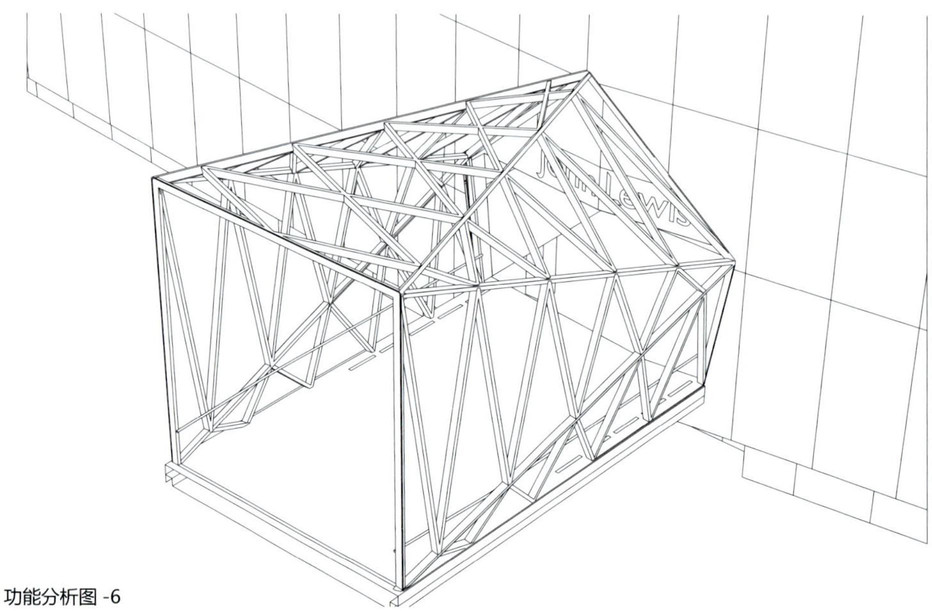

功能分析图 -6

立面图 -4

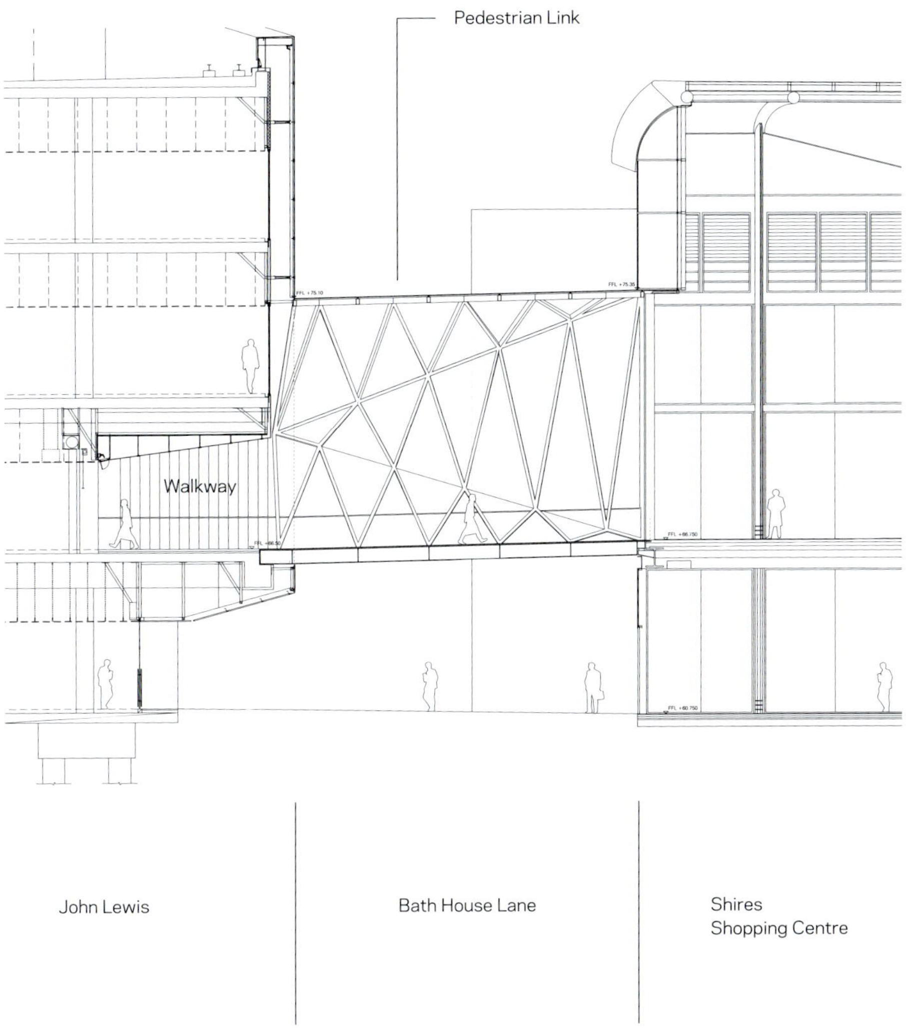

多观众厅电影院

为了建立电影院和商场之间的连贯性，设计师将幕帘的设计理念同样应用于电影院的设计中。电影院的容积通常很大，装有许多巨型荧屏，除了走廊部分内部不需要任何光线。为了配合12个电影荧屏的配置，Leicester 影院也同样设计成非透明式，其中幕帘的选材使用的是不透明不锈钢雨幕。

Façade Layering System

功能分析图 -7

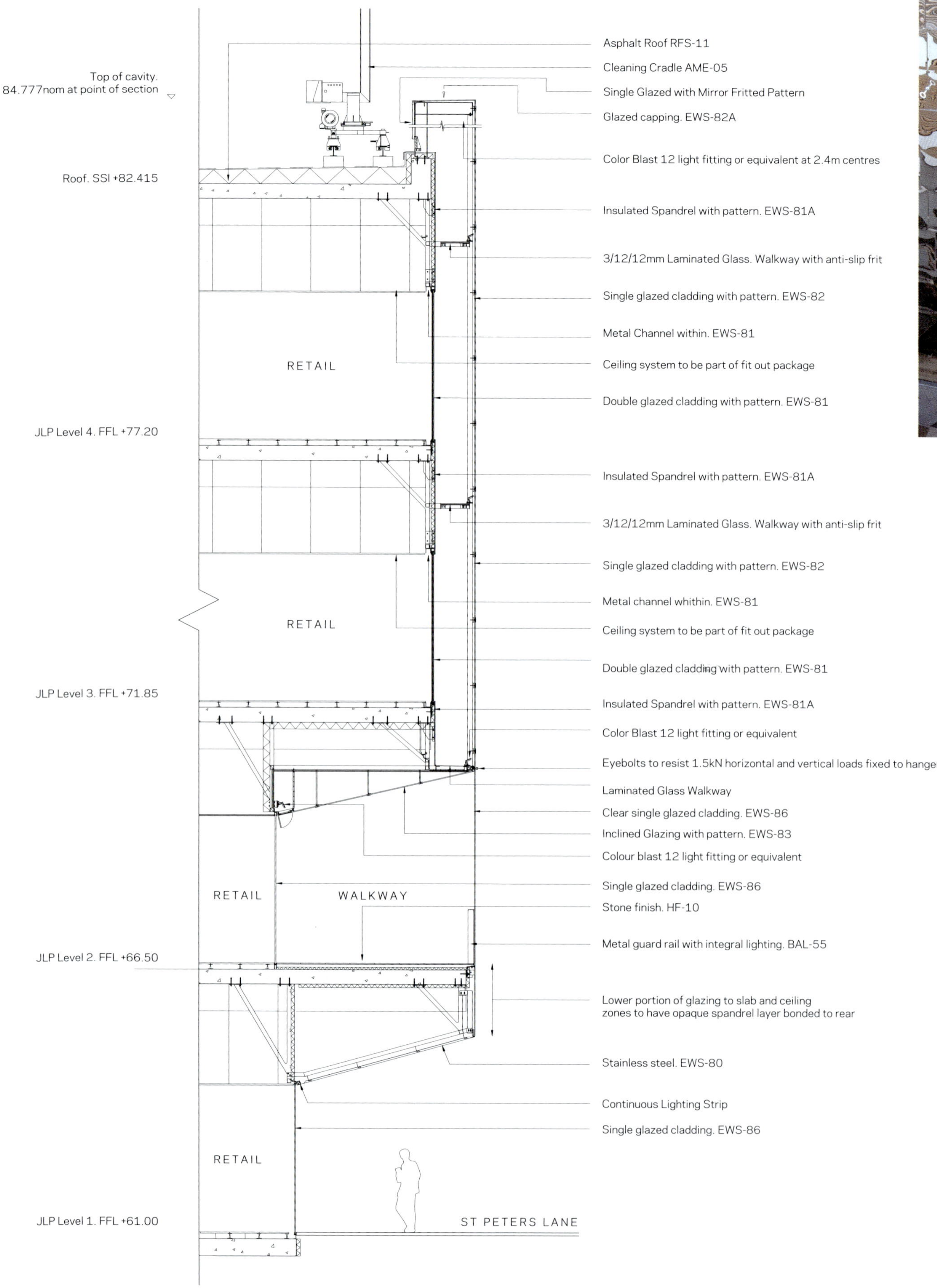

功能分析图 -8

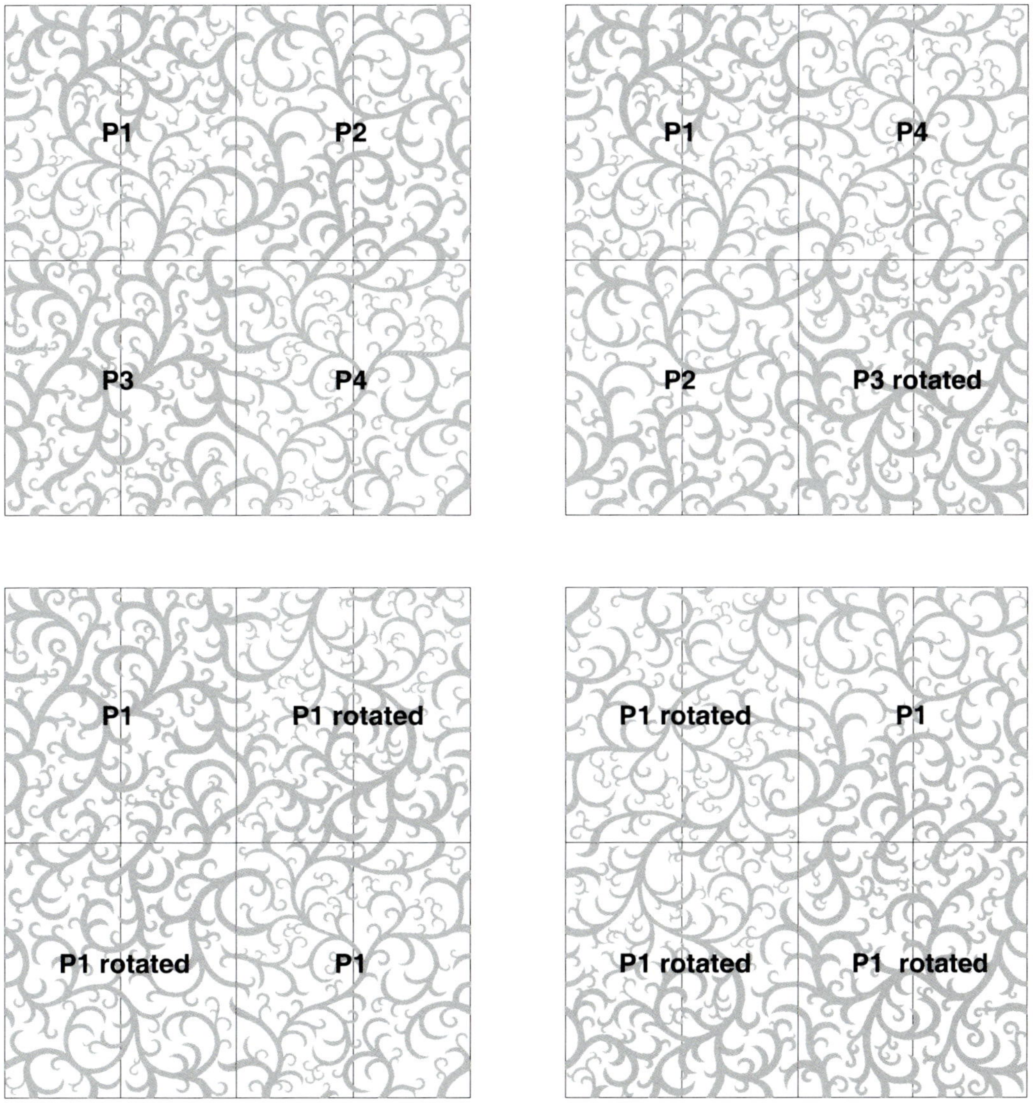
P1
P2
P3
P4
P1
P4
P2
P3 rotated
P1
P1 rotated
P1 rotated
P1
P1 rotated
P1
P1 rotated
P1 rotated

3000
Ceilling
1.62m
1.32m
1.02m
Floor
Clear Openings at
Various Eye Levels

Everything for you and your home

John Lewis

Cotroceni Park Shopping Center

项目名称：Cotroceni Park购物中心
项目地址：罗马尼亚，布加勒斯特
项目状态：在建
总 面 积：250,000 m^2
建筑设计：MYS Architects
设施类型：零售，办公和娱乐

项目总览

Cotroceni Park购物中心是结合最新设计的多元化购物娱乐中心，这里有IMAX影院、国际化的大型超市和各种国际名牌店。

全景平面图 -1

全景平面图 -2

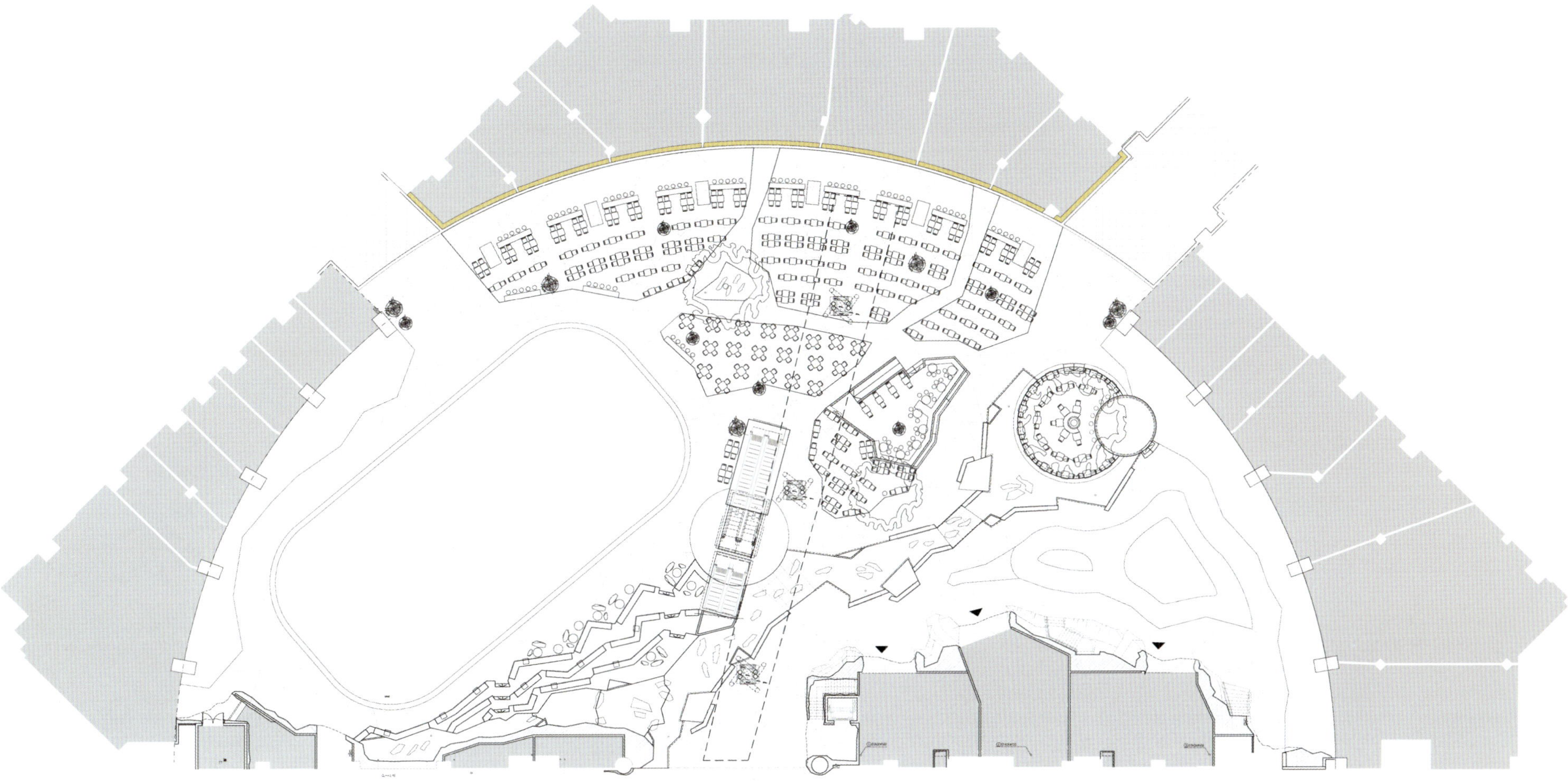

购物中心的整体设计理念基于一个三角模式而建，商场内部的每个部分都拥有与众不同的建筑特点和独特的租户组合风格。三角区城通过每个角上的“锚”形成一个主要的商场客流中心和一个2层高的中庭空间，其中设有各具特色的餐饮区和其它各项休闲娱乐设施。

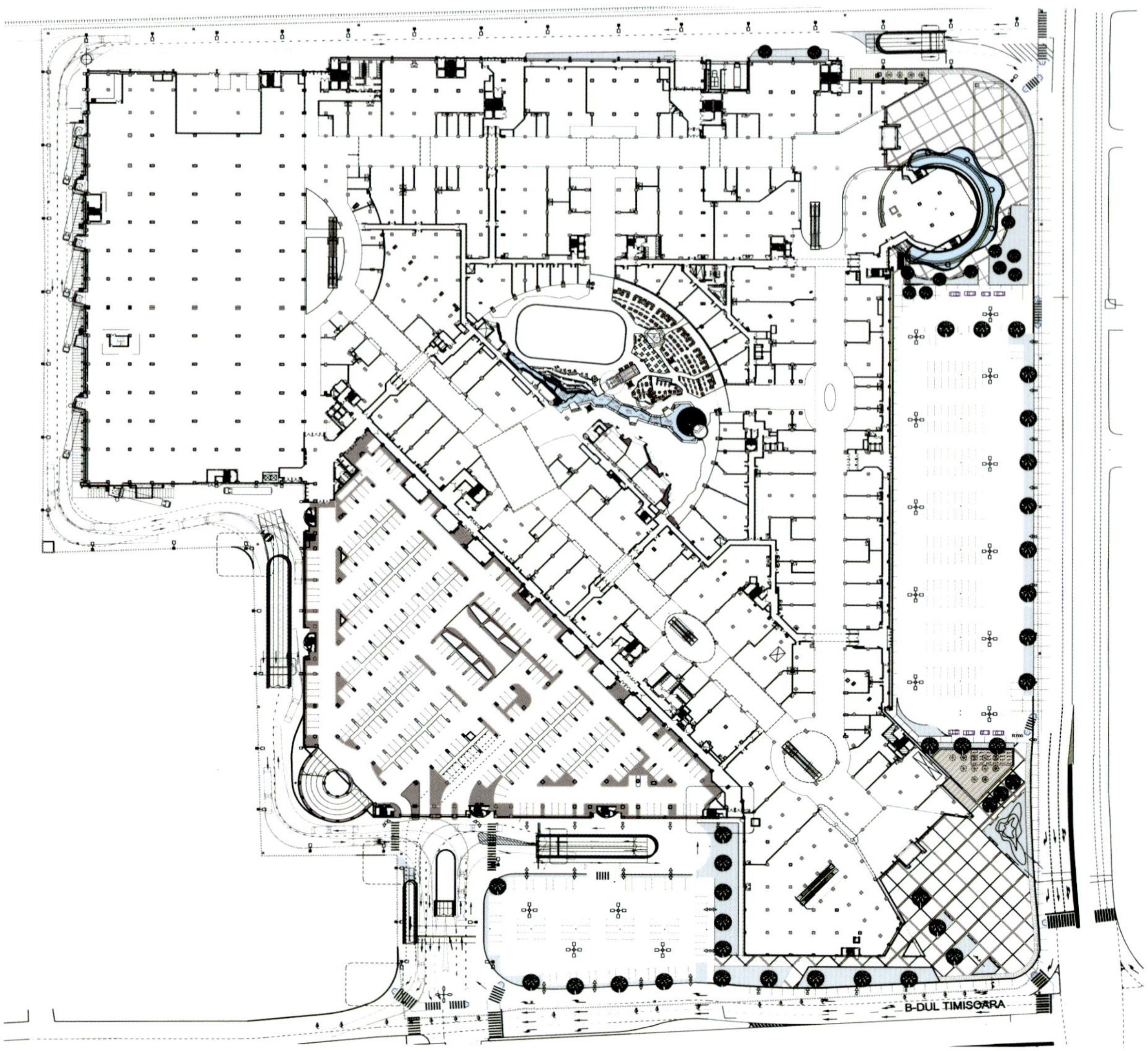

平面图

购物中心分为不同的销售区域：生活百货区由家居用品、DIY手工制作、电器类等组成，采用砖面墙壁以及温和的色调和装修材料。高档时尚区由珠宝、高档服装、各种配饰等组成，设计中使用了高光泽度的大理石，手感优质的不锈钢和磨砂玻璃面板。摩登流行区分为两层，顶部有一个圆形天窗，堆砌的灰色石头则成为这一区的特色，一楼走道上还覆盖着弧形舱壁。休闲娱乐区设于一楼，从中庭的桥一直延伸到IMAX影院，包含了各式娱乐设施，SPA馆、电影院、餐馆等等，一应俱全。

立面图 -1

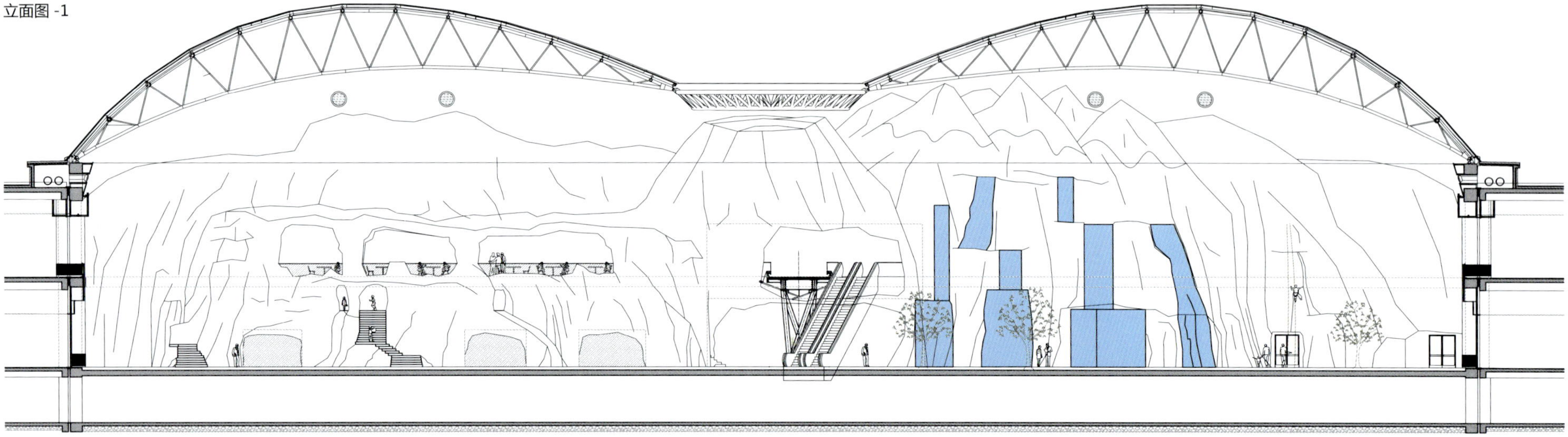

中庭的设计成为Cotroceni Park购物中心的一大亮点，溜冰场、水幕墙、美食街、儿童娱乐区，令人耳目一新，眼花缭乱。这是一个设计有大型天窗的室内空间，高达27m，全部由釉面瓷砖装饰而成。

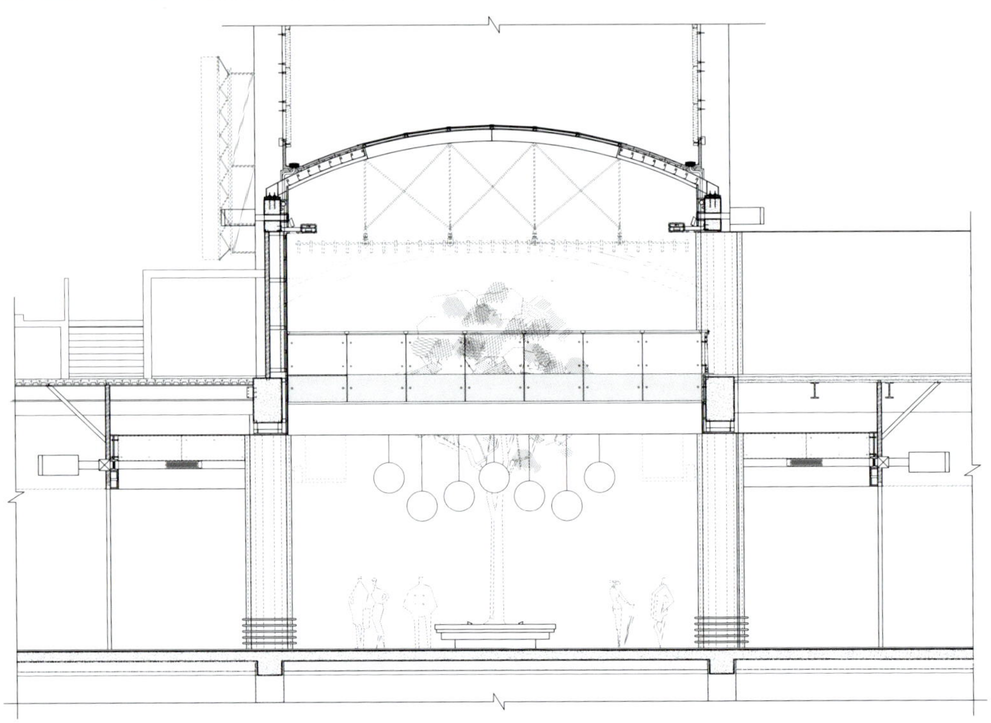

立面图 -2

NINJA SUSHI
-25%

LOVELY LAUREN
Gali

Prémaman
splendor
INTERSPORT

My Zeil

项目名称：My Zeil 购物中心
项目地址：德国，法兰克福
竣工时间：2009 年
总 面 积：77,000 m^2
建筑设计：Fuksas设计事务所
开 发 商：PalaisQuartier GmbH & Co., UK
摄 影 师：Karsten Monherjahn

项目总览

My Zeil的结构设计灵感来自于液体的优美线条，该项目与中心购物街——蔡尔街相连，与Thurn und Taxis palace（一栋依历史风格重建的建筑物）相对而建。人们绝不会仅仅停留在地面层：当进入大楼的那一刻，迎面而来的便是一系列流线型的通道。同时，该设计还缓解了客流量。此外，室外的自然光线从排列有序的空隙中透射进来，在地板短暂地停留。

MyZeil
RENO

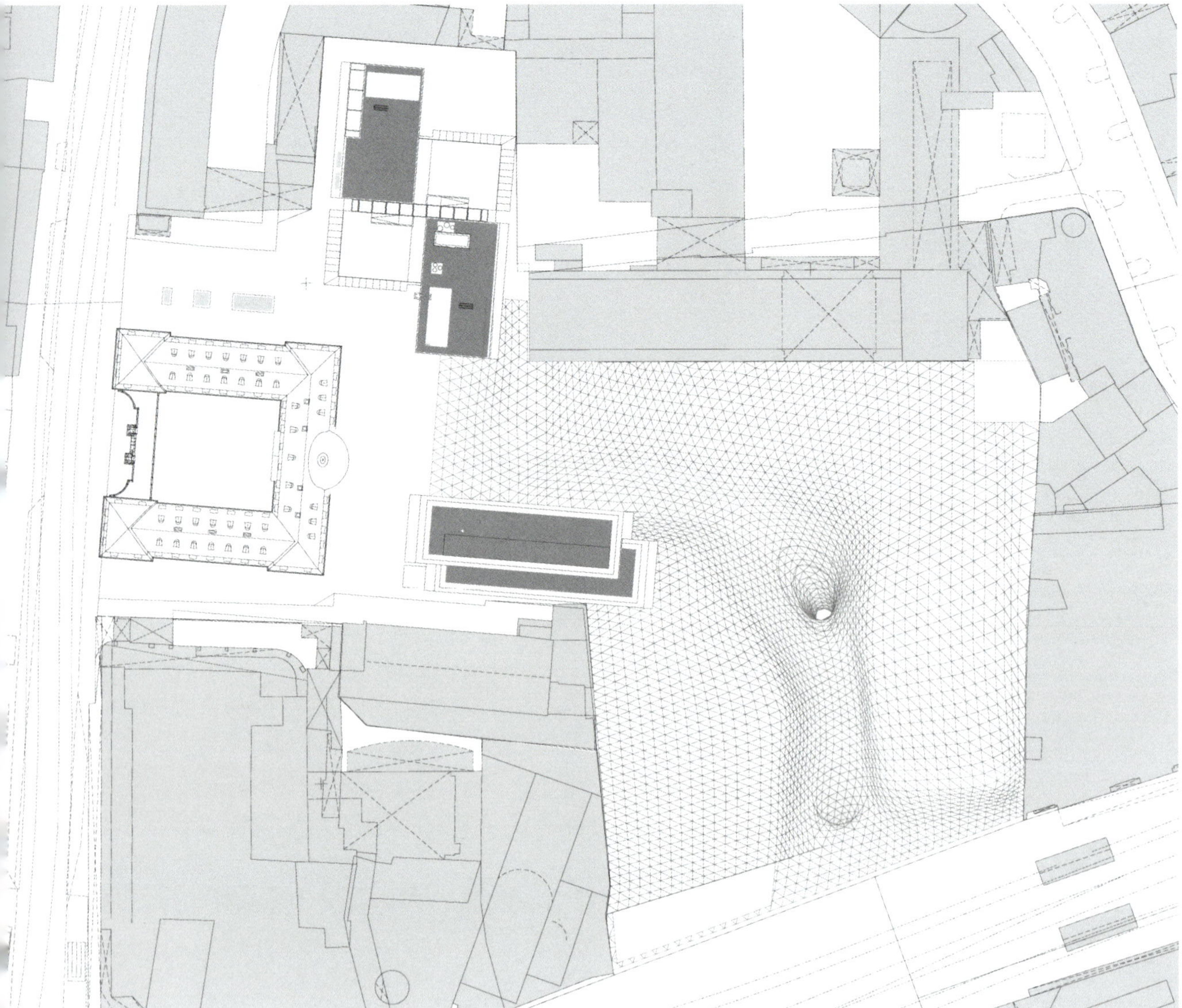

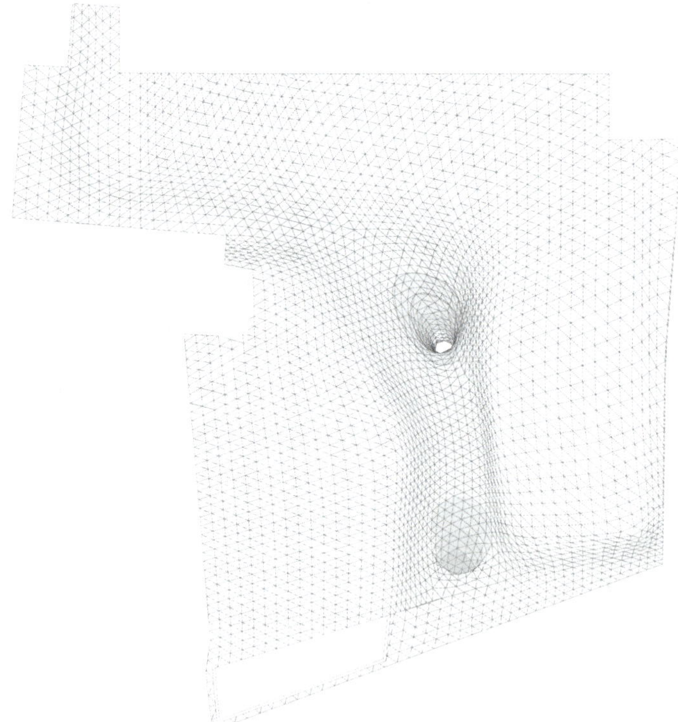

全景平面图

如此庞大的工程项目意味着它在一天之内都将灯火通明。My Zeil拥有100多间店铺，除了供人们尽情购物之外也是娱乐放松的好去处，无论是朋友聚会，或是看电影。这里还是一个温暖的避风港湾，让你远离雨雪风霜和寒冷。

平面分析图

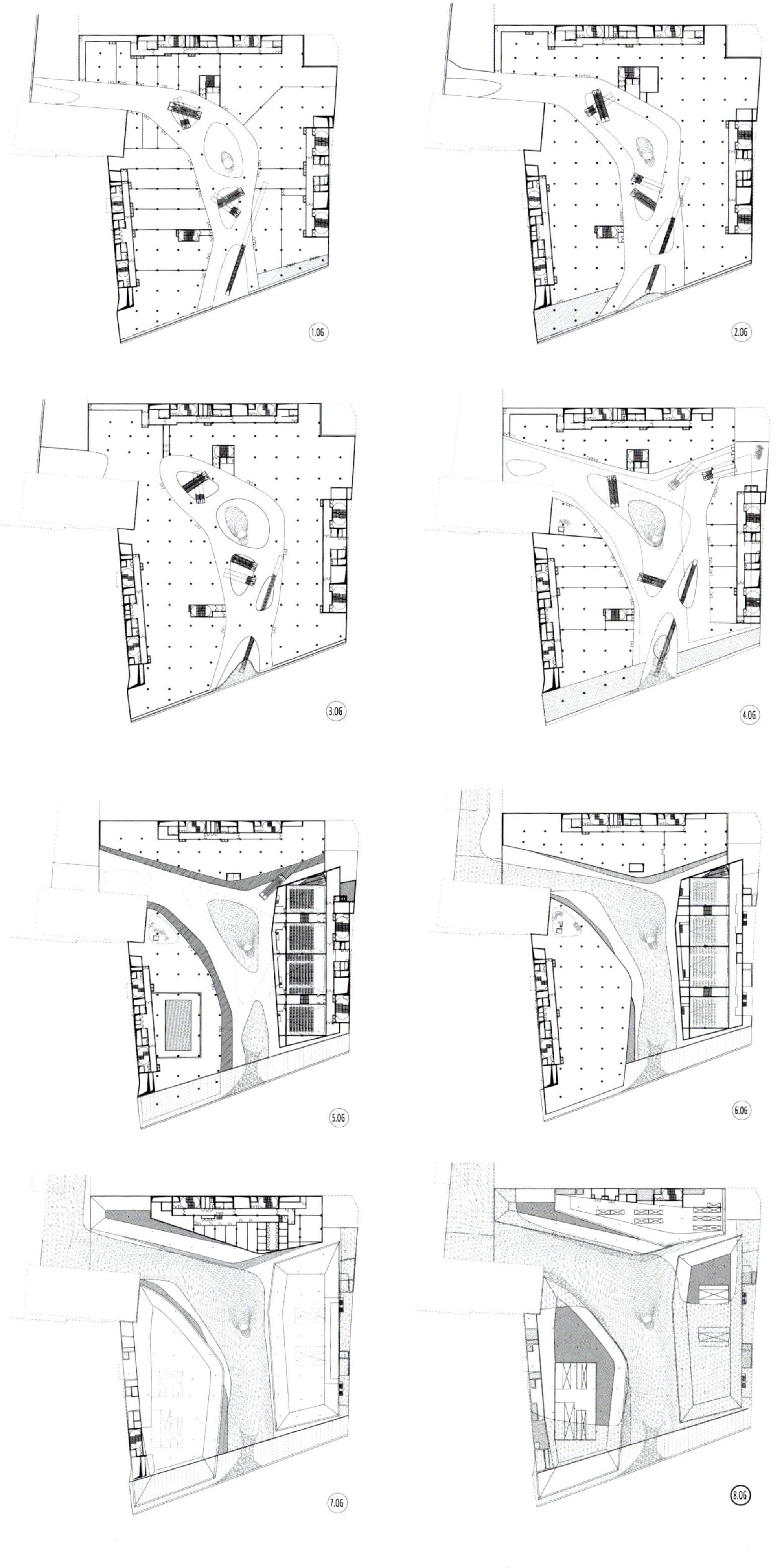

立面图

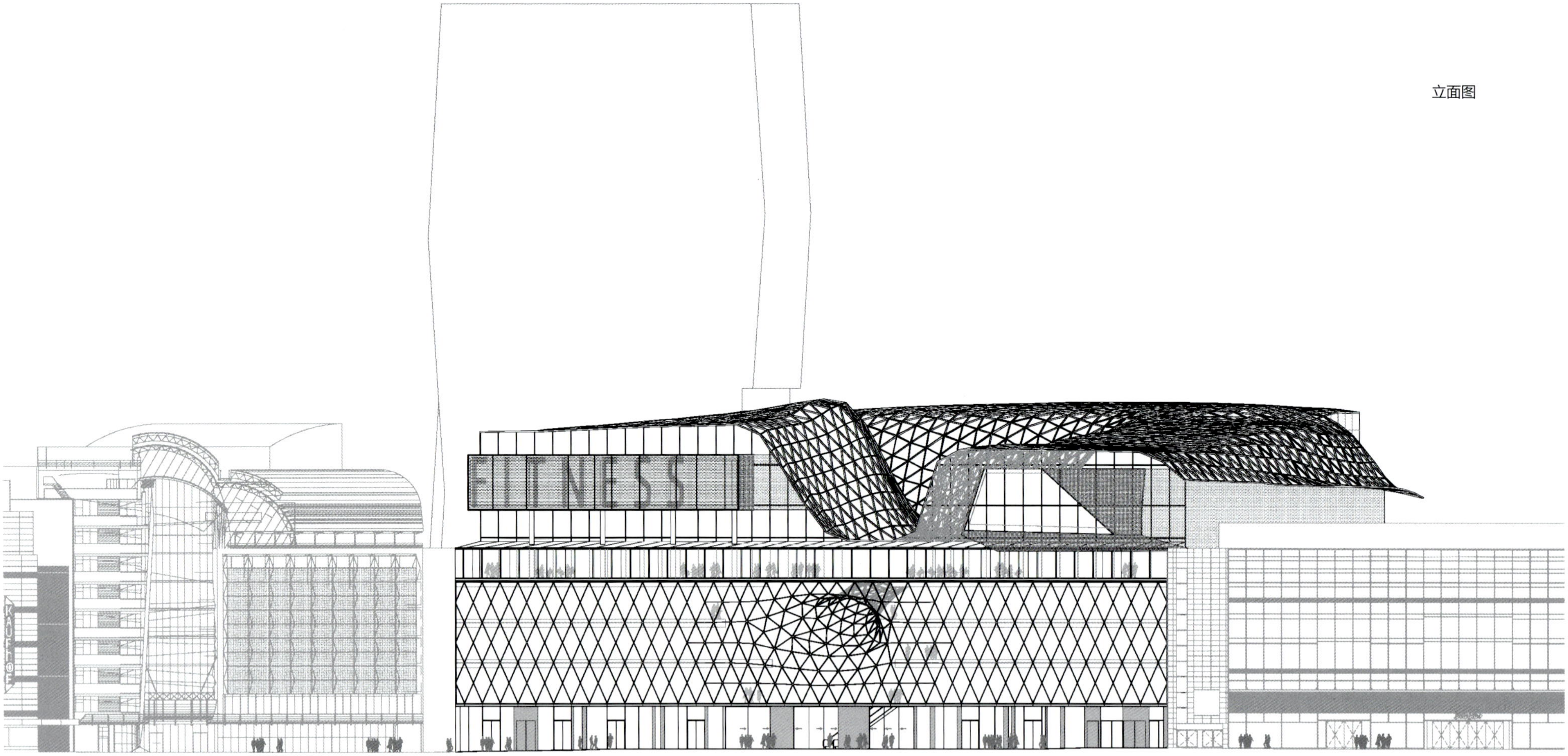

立面分析图

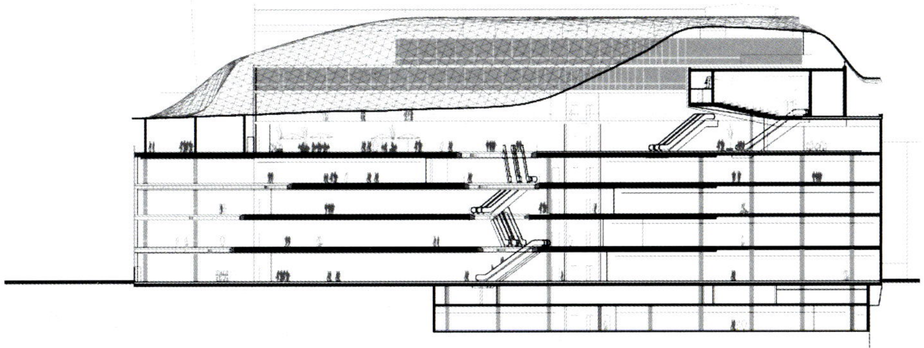

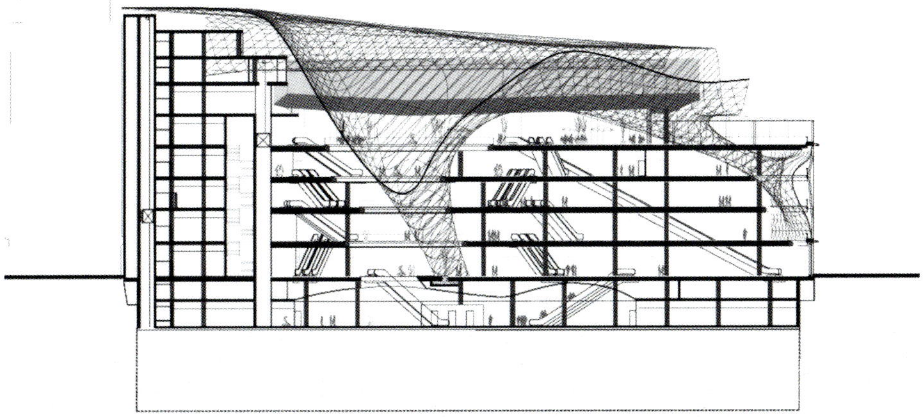

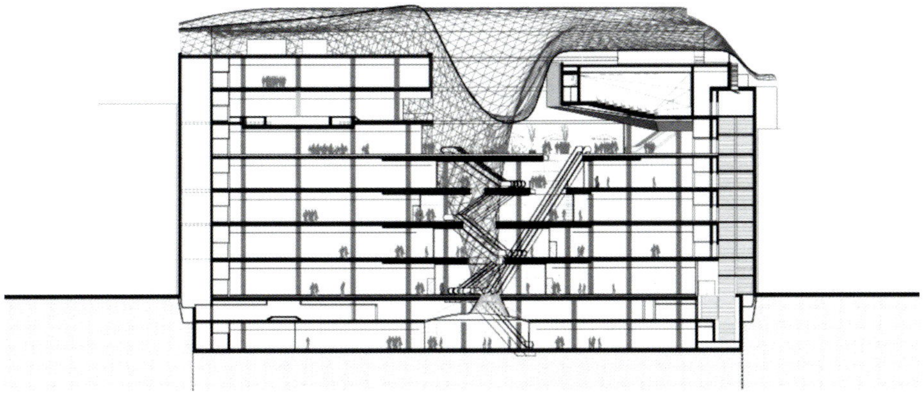

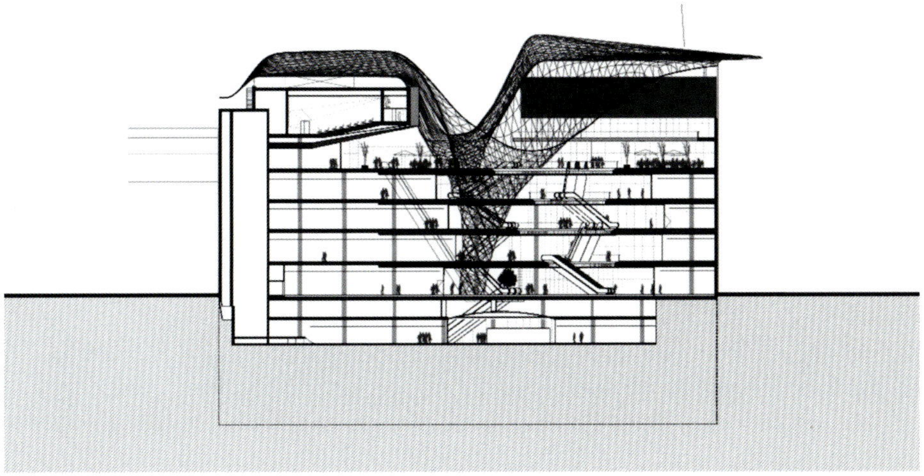

AUSSCHNITT ANSICHT ZEILFASSADE
ohne Maszstab

功能分析图

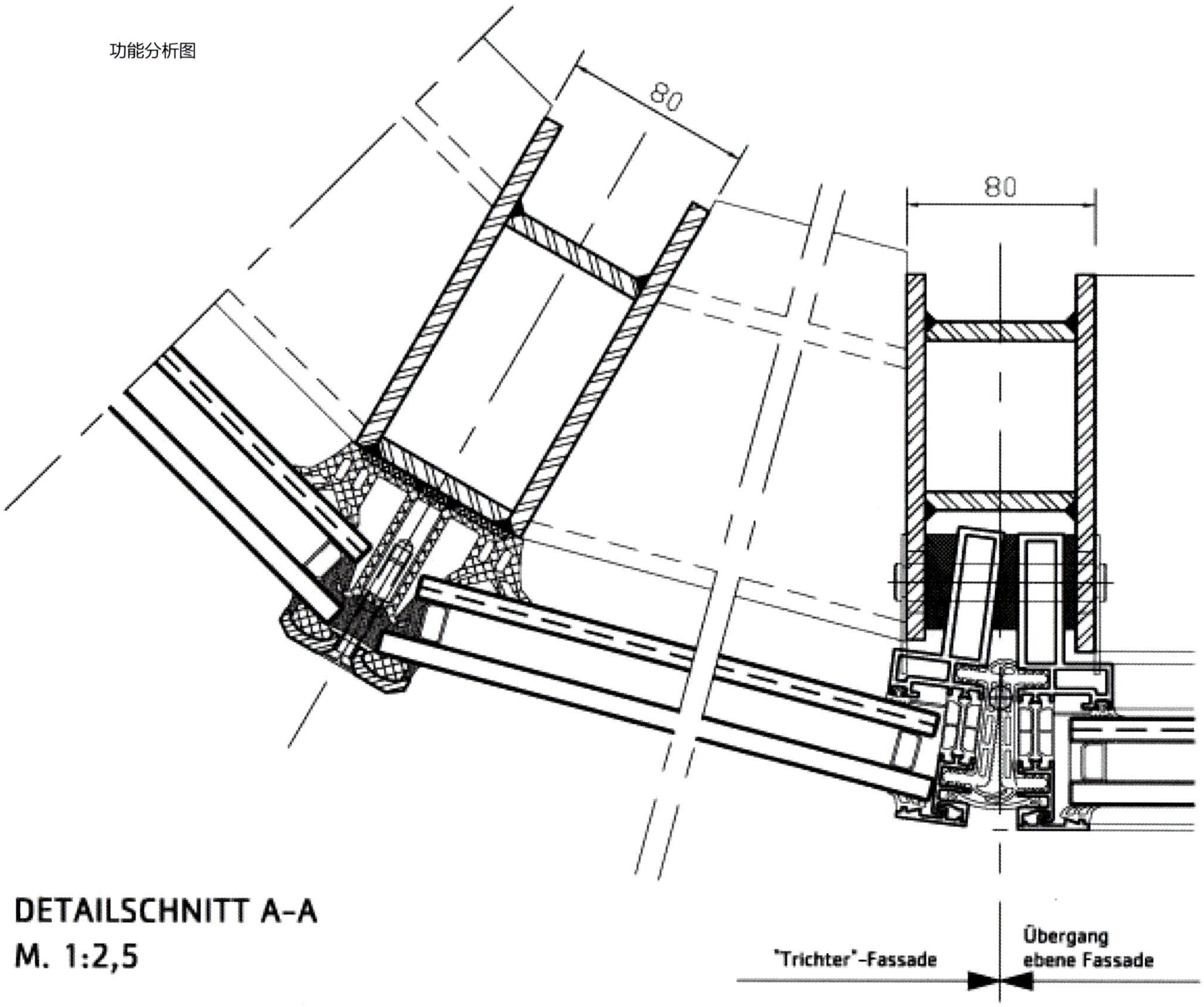

DETAILSCHNITT A-A
M. 1:2,5

该项目分为两部分，并向不同方向延伸，各具特色。沿蔡尔街方向的部分是休闲区，供人们娱乐、放松。另一边则位于酒店及写字楼的入口处，重建的酒店大堂就在Thurn und Taxis大楼内，周围有艺术画廊和高档商铺。客房可乘电梯直接到达，其中会议中心和运动馆位于3、4层。

SATURN
SATURN
SATURN

West Gate Shopping Centre

项目名称：West Gate购物广场

项目地址：克罗地亚，萨格勒布

竣工时间：2009 年

总 面 积：227,000 m^2

建筑设计：ATP architects and engineers

摄 影 师：D. Fabijanic/ W. Leeb/WESTGATE Shopping City

项目总览

作为有“购物城”之称的萨格勒布的一道“商业风景线”，West Gate也是欧洲范围内知名的大型购物中心。它是SEE地区北部购物与娱乐相结合的综合性商场代表，对斯洛文尼亚、匈牙利和奥地利这些交通便利的周边国家也产生了深远的影响。

购物中心的东部拥有一个5层高的停车楼，并向外延伸，约有6,000个停车位。为给该大型商场一个整体的感觉，设计师还在其周围设计了一条由穿孔钢制成的红色“围巾”，将其包裹其中。除了作为一个象征，这条围巾还具有其特殊的功能，它隶属该商场物流部的一部分。货物可通过一个长达200m的货车隧道直接运送到商场中心。

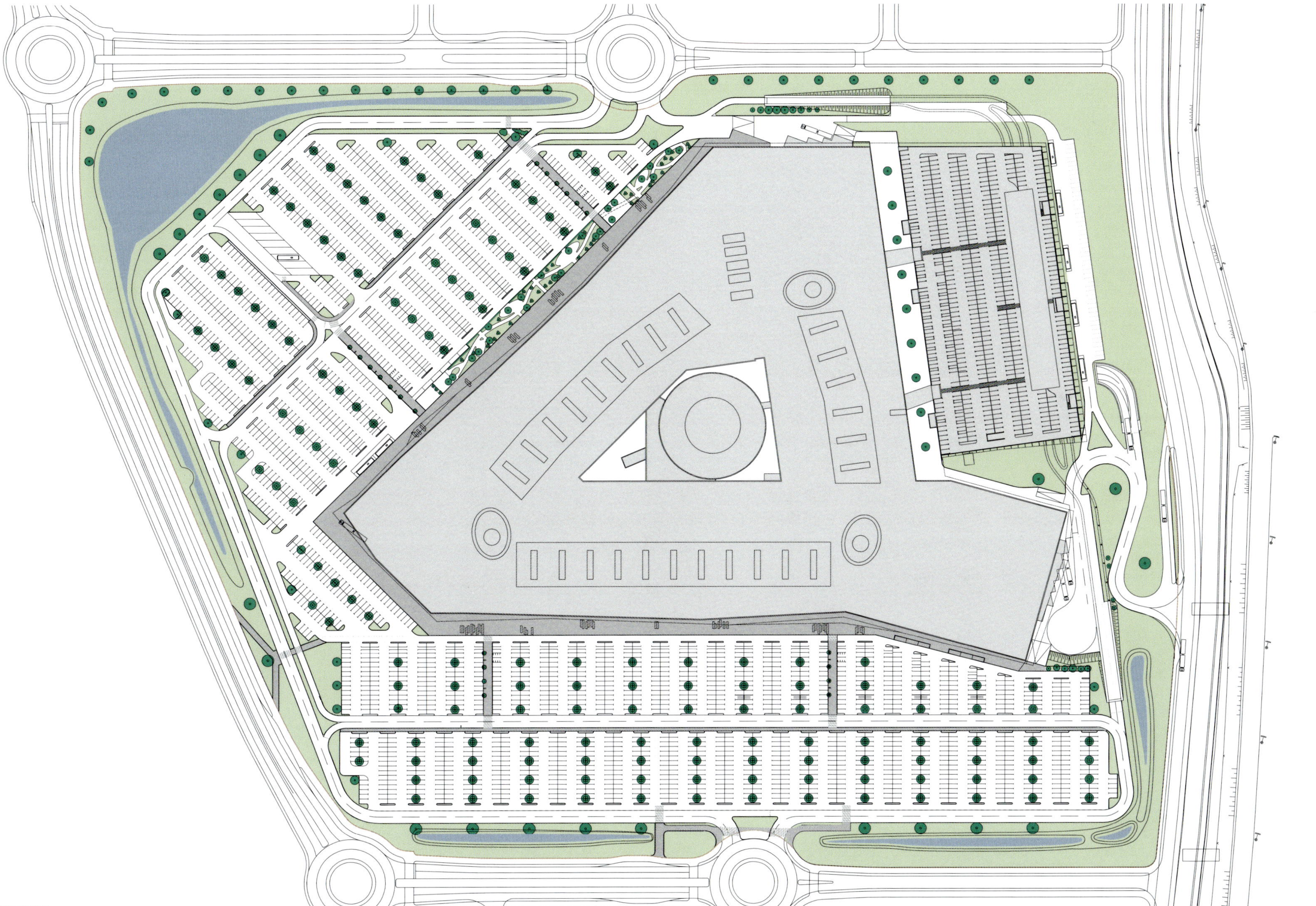

全景平面图

WEST GATE
SHOPPING CITY

平面分析图

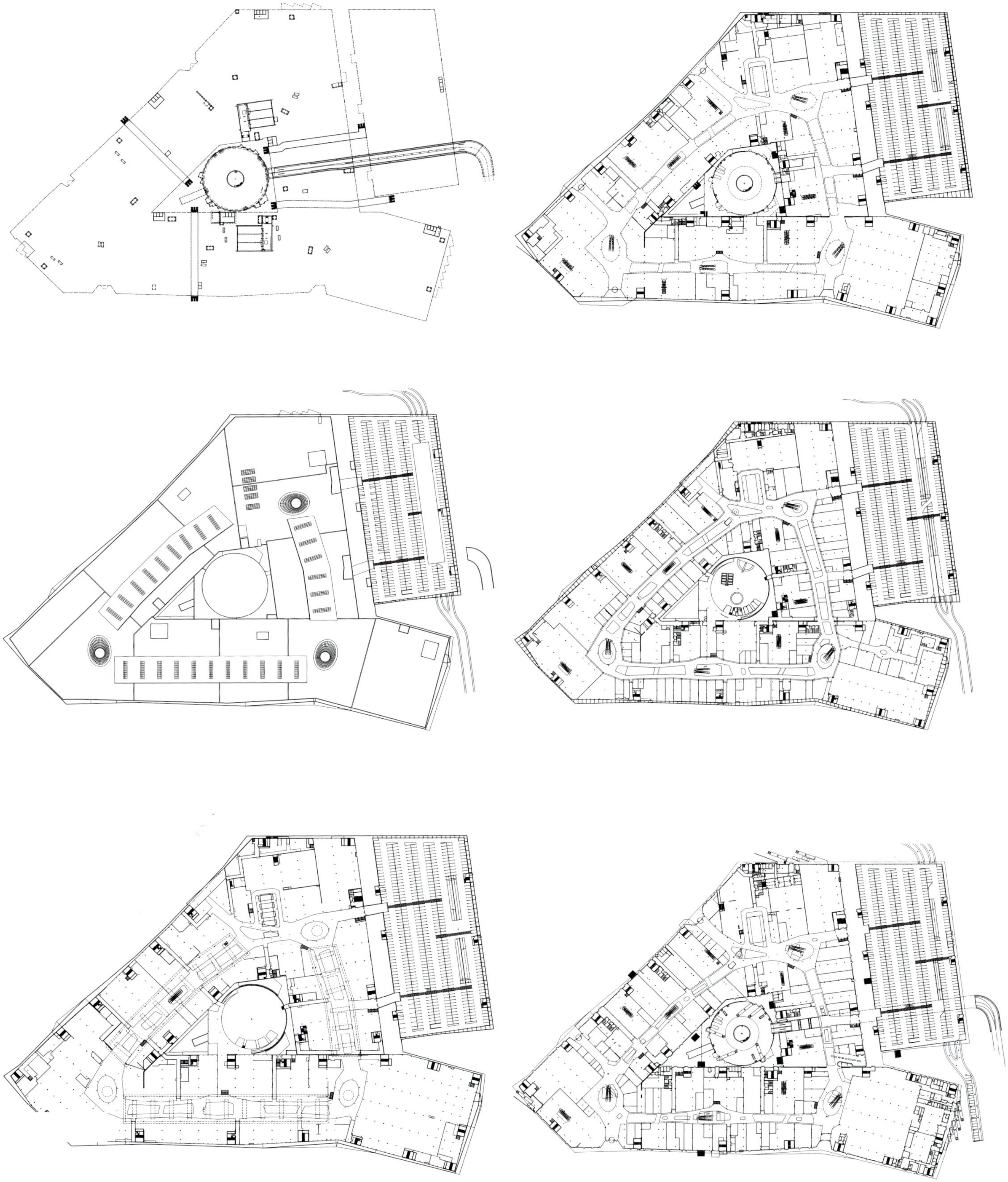

West Gate的设计理念始于3年前，从一开始便将其定位为未来的“购物之城”——萨格勒布的中心。设计团队的目标是发展一个顶级购物中心，并使之成为区域内最大、功能最齐全的中心，以吸引更多的游客。

剖面图

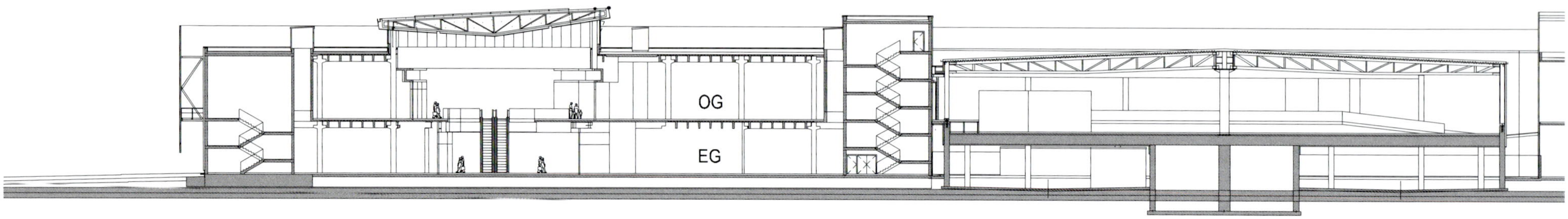

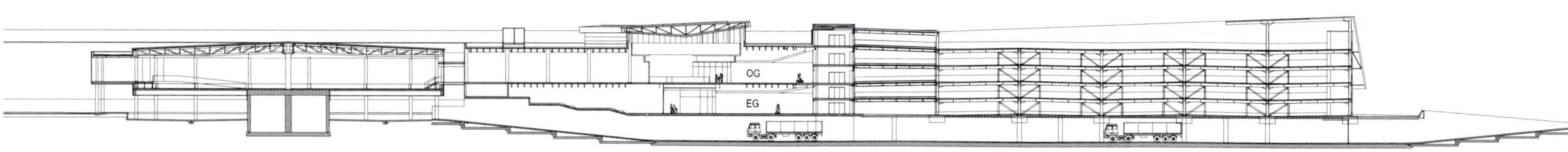

立面图

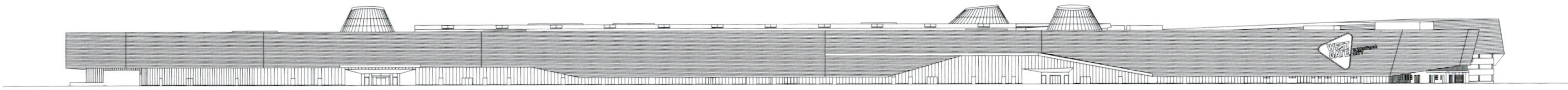

ANSICHT SÜD

ANSICHT OST

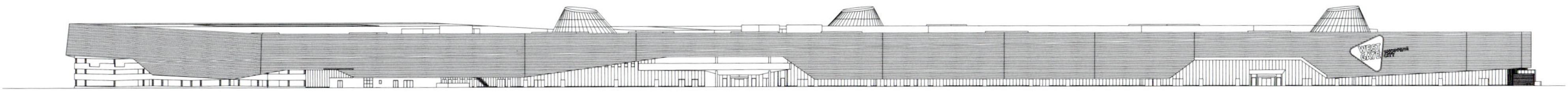

ANSICHT WEST

该购物中心的设计亮点还在于其自然光的巧妙采用。商场天花板的龙槽汇聚于中心广场的3个玻璃屋顶。3个独立的区域有着各自的主题，分别象征着克罗地亚的3种景观类型：海岸线、山脉和潘诺尼亚平原。

商场外部与广场相连，舒适的座位和绿化带使顾客在购物之余可以享受片刻的轻松。喷泉内错落有致的水柱高达两层，同时又为整个商场增添了新的风景。

MODELS FASHION STORE
GANT

Plymouth Meeting Mall

项目名称：普利茅斯会展中心

项目地址：美国，宾夕法尼亚州

竣工时间：2009 年

总 面 积：82,591 m²

建筑设计：CREATE Architecture Planning & Design（PREIT）

开 发 商：Pennsylvania Real Estate Investment Trust

项目总览

普利茅斯会展中心不仅仅是为租户而建的一件装饰品，而是一个真正的综合性商场。它不仅满足了市场上多层次的要求，还拥有很强的号召力，成为该地区的购物中心。

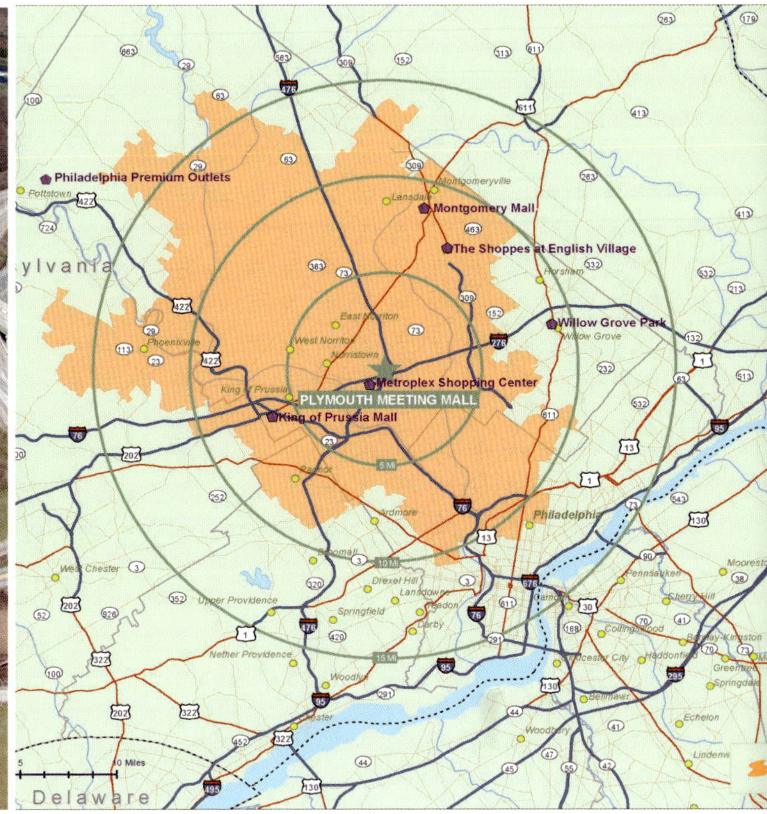

普利茅斯会展中心在市场竞争中独占鳌头，而其成功之处应归咎于充满活力的租户组合形式。该中心为人们提供了种类繁多的时尚用品、家居用品、简易快餐及各类服务，成为知名的专业购物中心。加上它前卫的建筑风格，重新修建的普利茅斯会展中心以其崭新的面貌示人：新鲜、刺激、充满魅力。此外，普利茅斯会展中心也响应了其设计的原始初衷，再次成为该市真正的中心区。

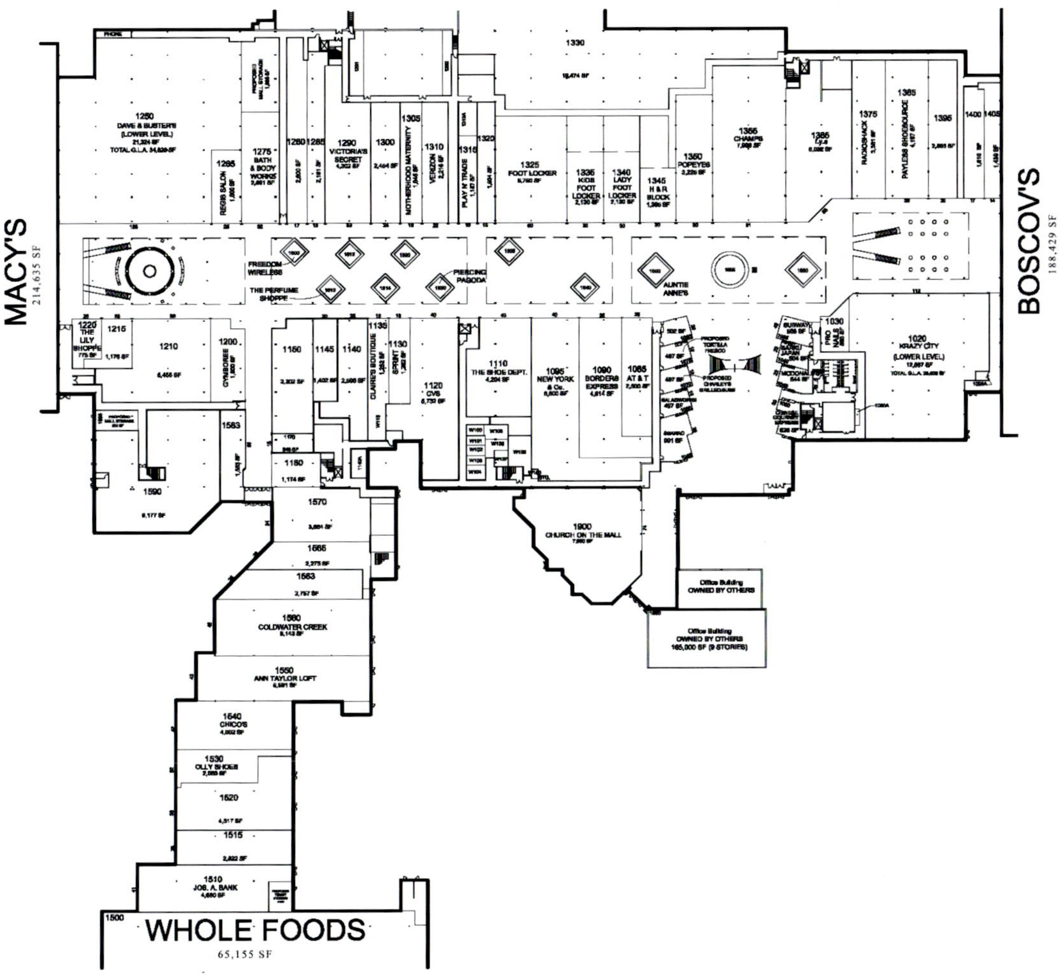

平面图 -1

全景平面图

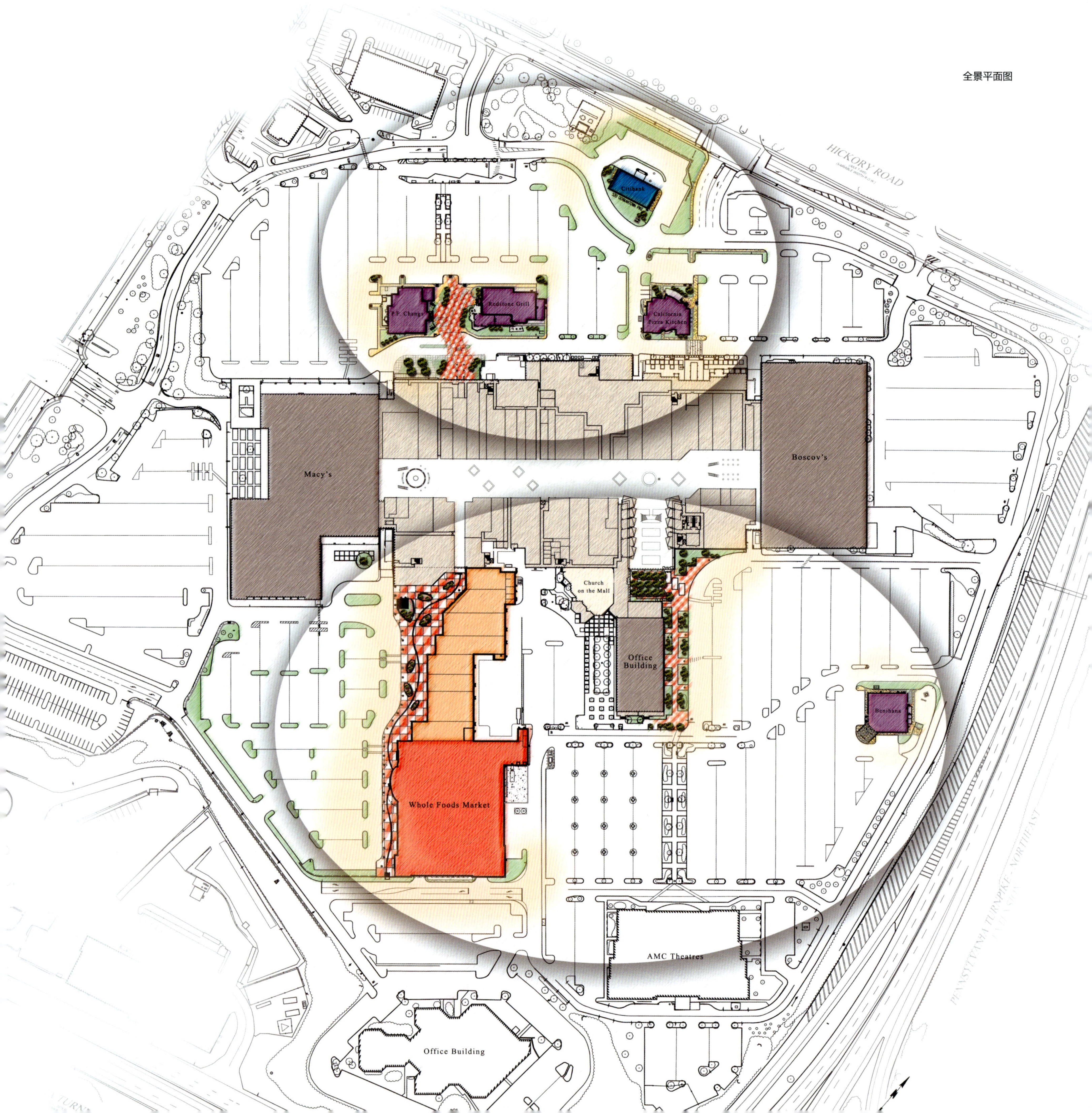

HICKORY ROAD
Citibank
P.F. Changs
Redstone Grill
California Pizza Kitchen
Macy's
Boscov's
Church on the Mall
Office Building
Whole Foods Market
Benihana
AMC Theatres
Office Building

平面图 -2

会展中心的每个广场都展示出不同的建筑风格，然而颜色和色调的相似搭配，加上具体的图案运用和街道装饰，又使之浑然一体。整体的设计是形式简洁与轮廓鲜明的现代主义风格，并成功避开近年来人造城市景观的趋势。不过，该种设计手法通常并不适用于此类建筑。

WHOLE FOODS

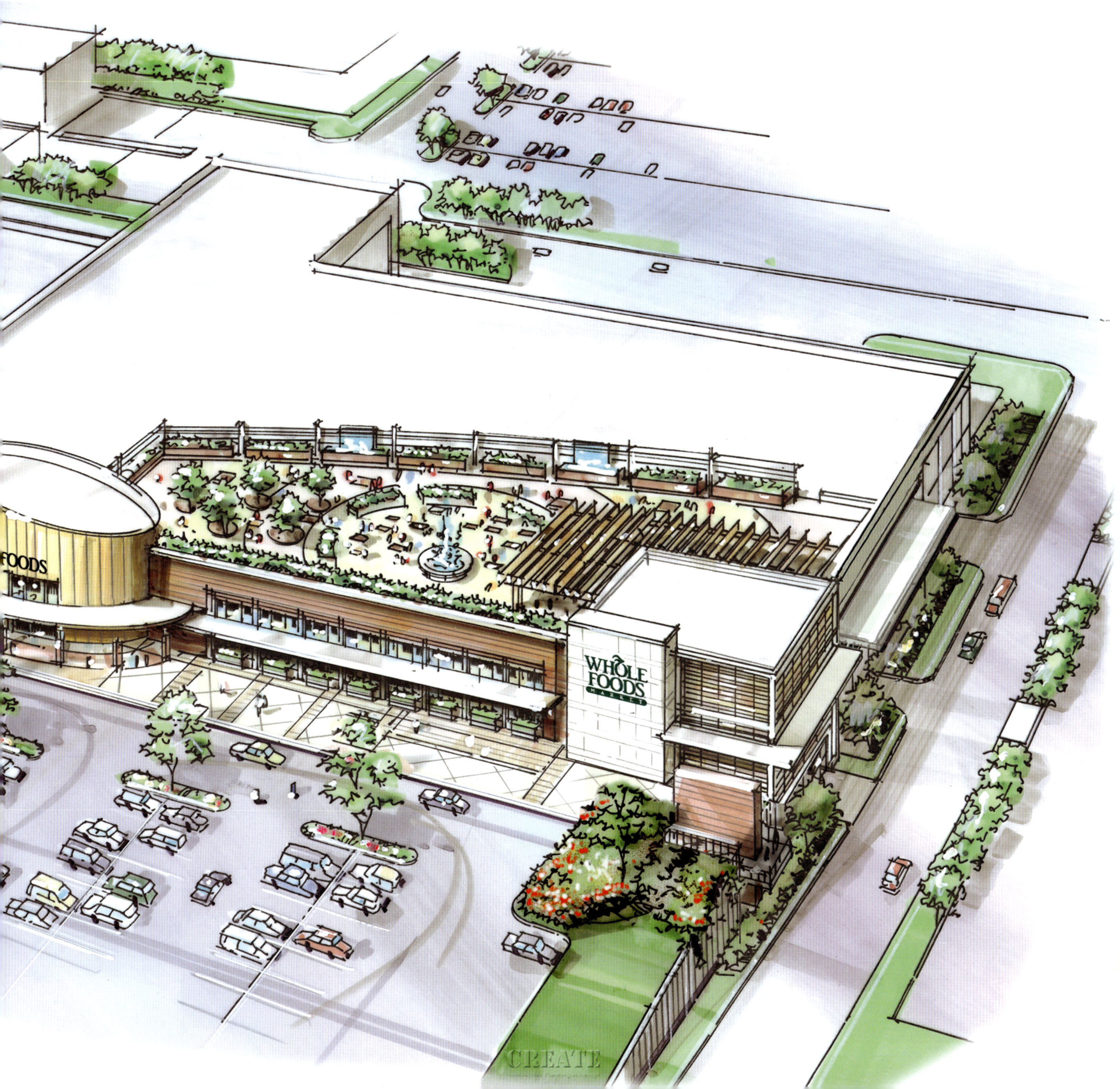
FOODS
WHOLE
FOODS
MARKET
CREATE

平面图 -3

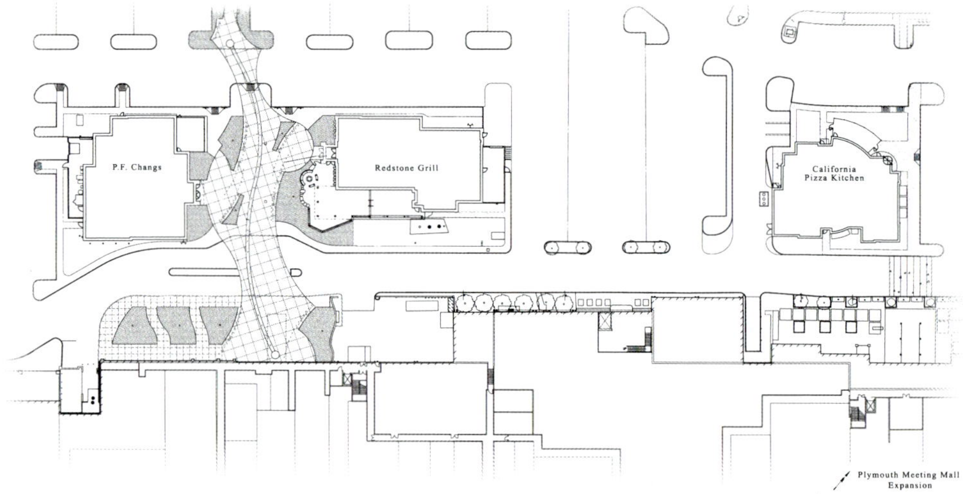

平面图 -4

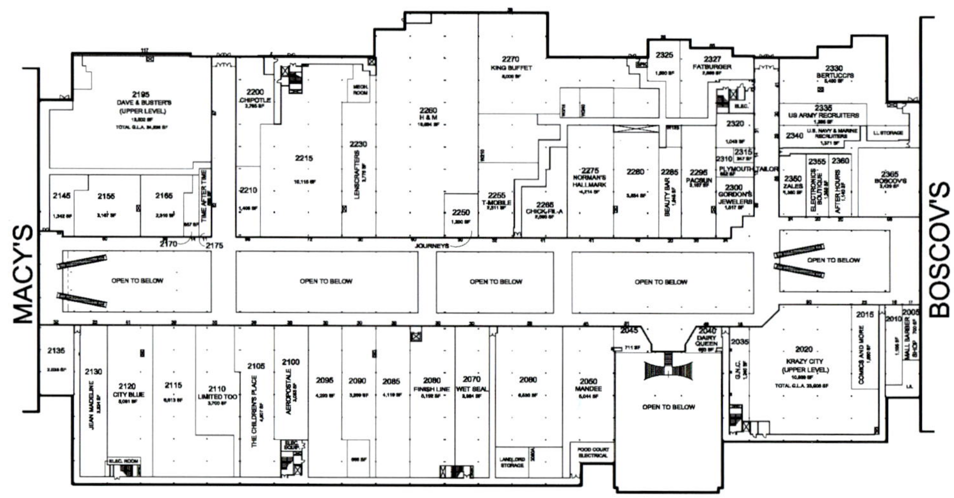

平面图 -5

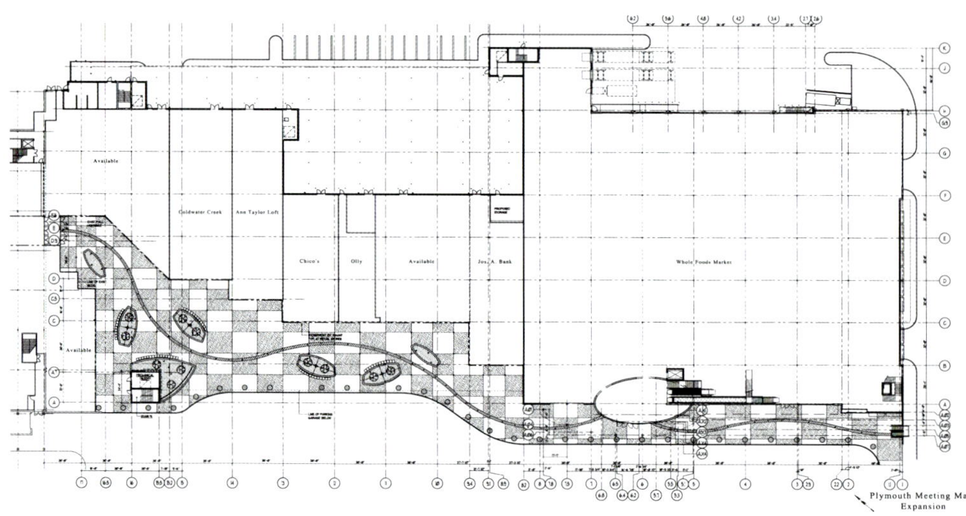

P.F. CHANG'S
CHINA BISTRO

california
PIZZA KITCHEN
california PIZZA KITCHEN
PIZZA
PASTA

ITALIAN
Bertucci's
RESTAURANT

citibank
520

Coldwater Creek
LOFT
LOFT

Friis Aalborg City Centre

项目名称：Friis Aalborg购物中心
项目地址：丹麦，奥尔堡
竣工时间：2010 年
总 面 积：67,000 m^2
建筑设计：C. F. Møller建筑事务所
开 发 商：A. Enggaard A/S

项目总览

Friis Aalborg购物中心是Magasin百货公司的改造项目，当然在此基础上也增加了新的地产。新大楼和前百货公司位于国王新广场的对面，奥尔堡中心的主要街道，中间有两条行人天桥相连。其中一条十分宽广，还设有一些商铺，可供人们享受都市生活的同时观赏新落成的广场。

Friis
ÅBNINGSTIDER

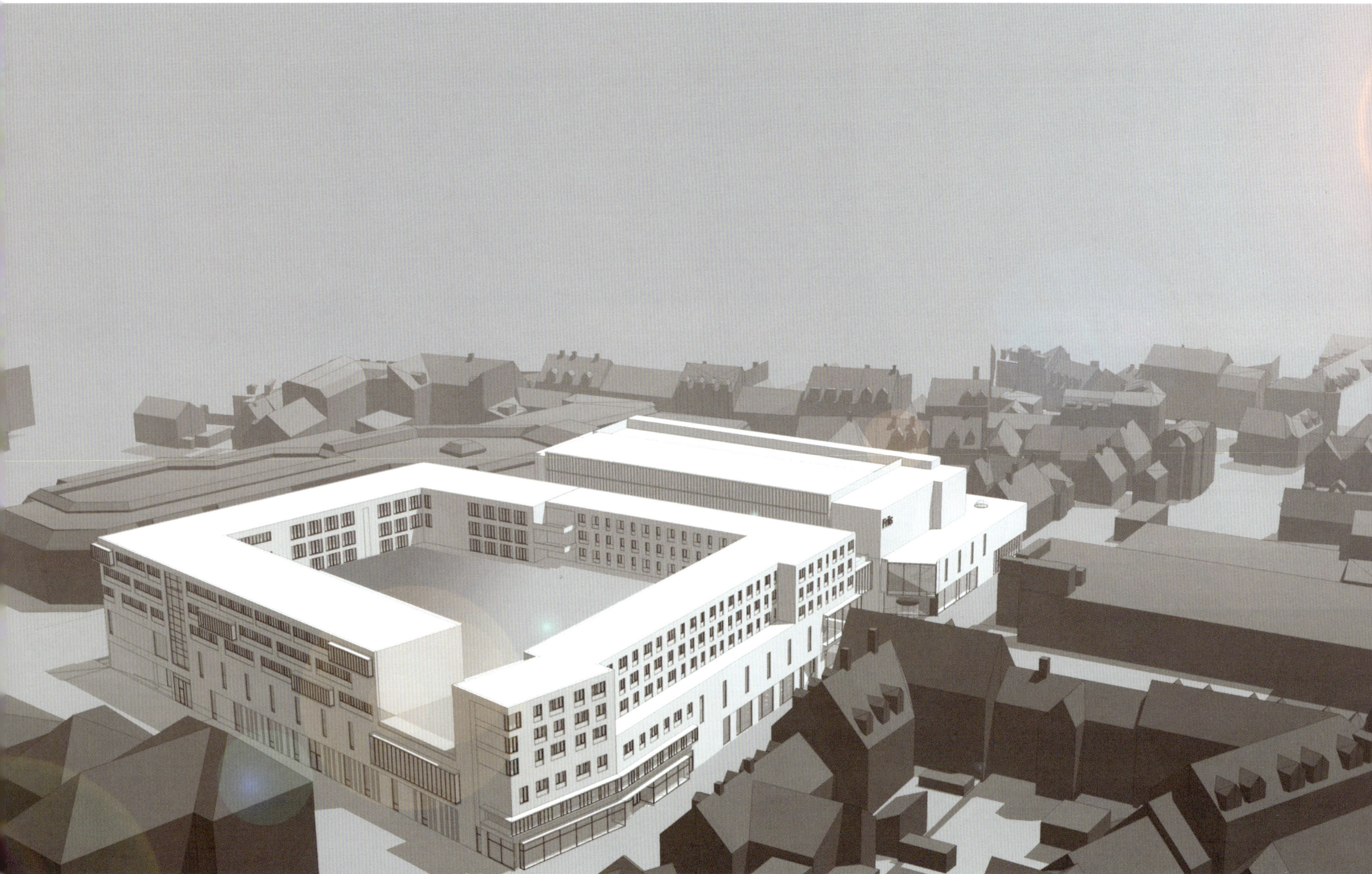

该项目集多功能为一体，外墙全部采用白色灰泥粉刷，上面装饰有玻璃面板，十分引人注目。建筑的外表也反映出其本身的多样性，与城市的复杂结构相呼应。交错的图案，各种样式的窗台，彩色外墙上穿孔的钢板，多样的窗口形式和材料的组合搭配等等共同赋予了购物中心独特的设计风格。

平面图

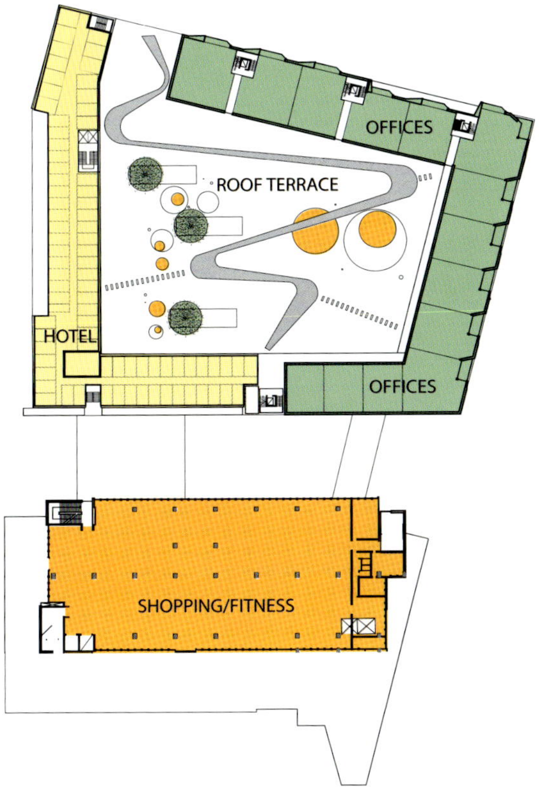
OFFICES
ROOF TERRACE
HOTEL
OFFICES
SHOPPING/FITNESS

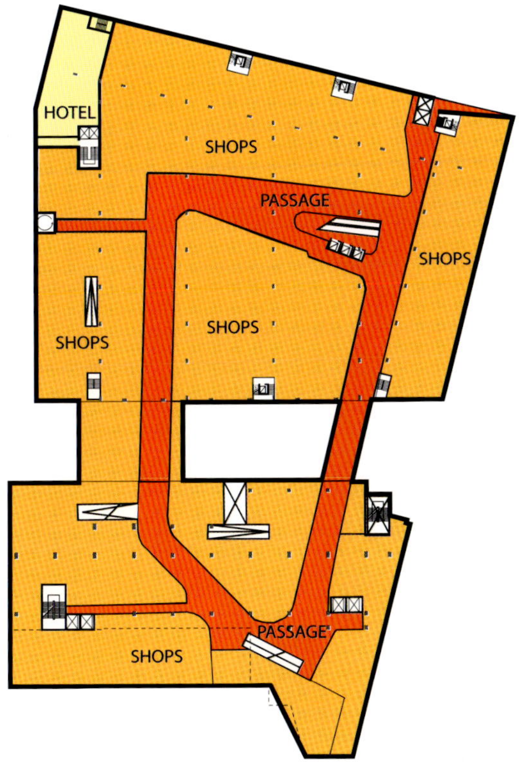
HOTEL
SHOPS
PASSAGE
SHOPS
SHOPS
SHOPS
PASSAGE
SHOPS

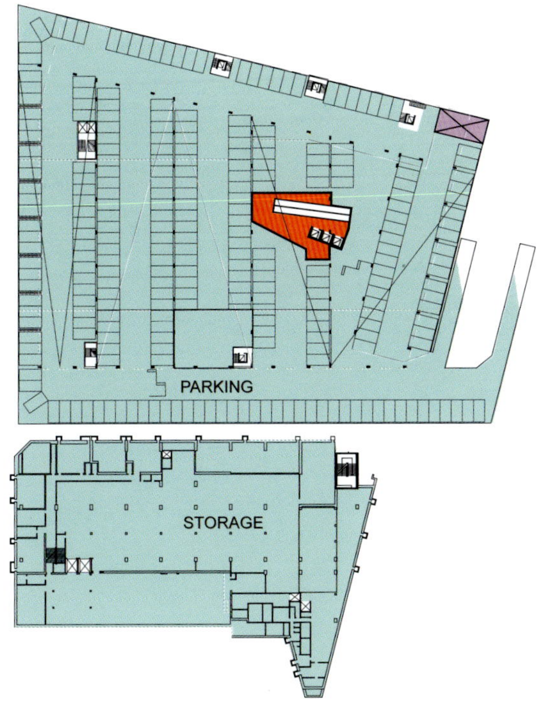
PARKING
STORAGE

Nyhavnsgade
HOTEL
SHOPS
PASSAGE
Fjordgade
DELIVERIES
SHOPS
Rendsburggade
Nytorv
SHOPS
PASSAGE
SHOPS

剖面图

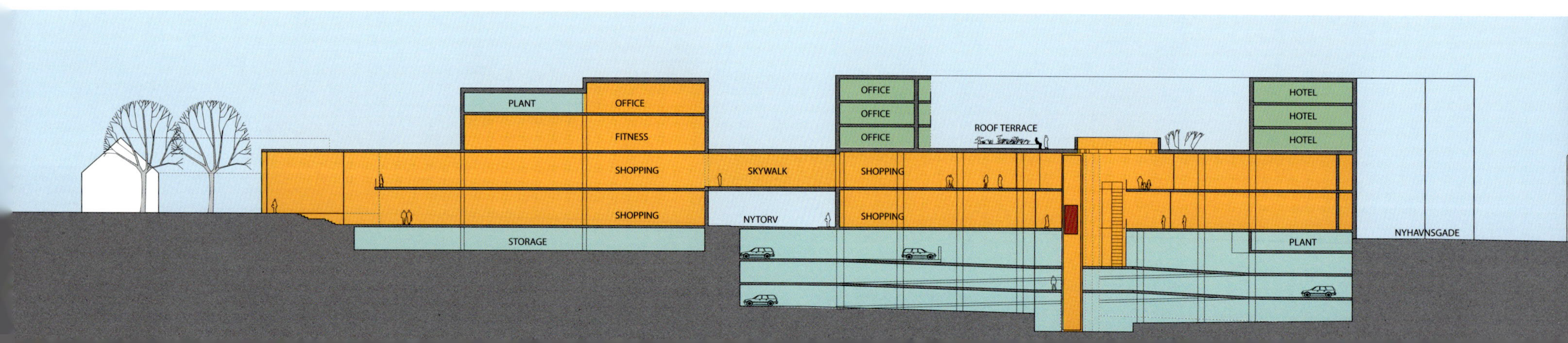

PLANT
OFFICE
FITNESS
SHOPPING
SHOPPING
STORAGE
SKYWALK
NYTORV
OFFICE
OFFICE
OFFICE
SHOPPING
SHOPPING
ROOF TERRACE
HOTEL
HOTEL
HOTEL
PLANT
NYHAVNSGADE

Friis
Friis

立面图

FRIIS
MODERN
STEAKHOUSE

butler

Vershina Trade & Entertainment Centre

项目名称：Vershina贸易与娱乐中心
项目地址：俄罗斯，图们江区，苏尔古特
竣工时间：2010 年
总 面 积：37,050 m^2
建筑设计：Erick van Egeraat事务所
开 发 商：SKU

项目总览

Vershina贸易与娱乐中心是苏尔古特第一间五星级国际购物中心，囊括了零售区、极限运动场、舞蹈室、餐厅、酒吧和地下夜店。该中心共8层，全天候开放，可同时满足各个年龄段顾客不同的购物娱乐需求。

立面图 -1

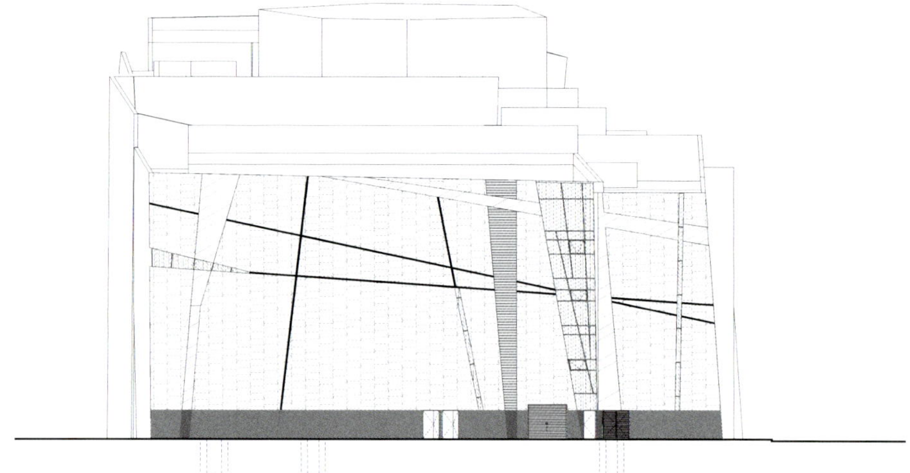

立面图 -2

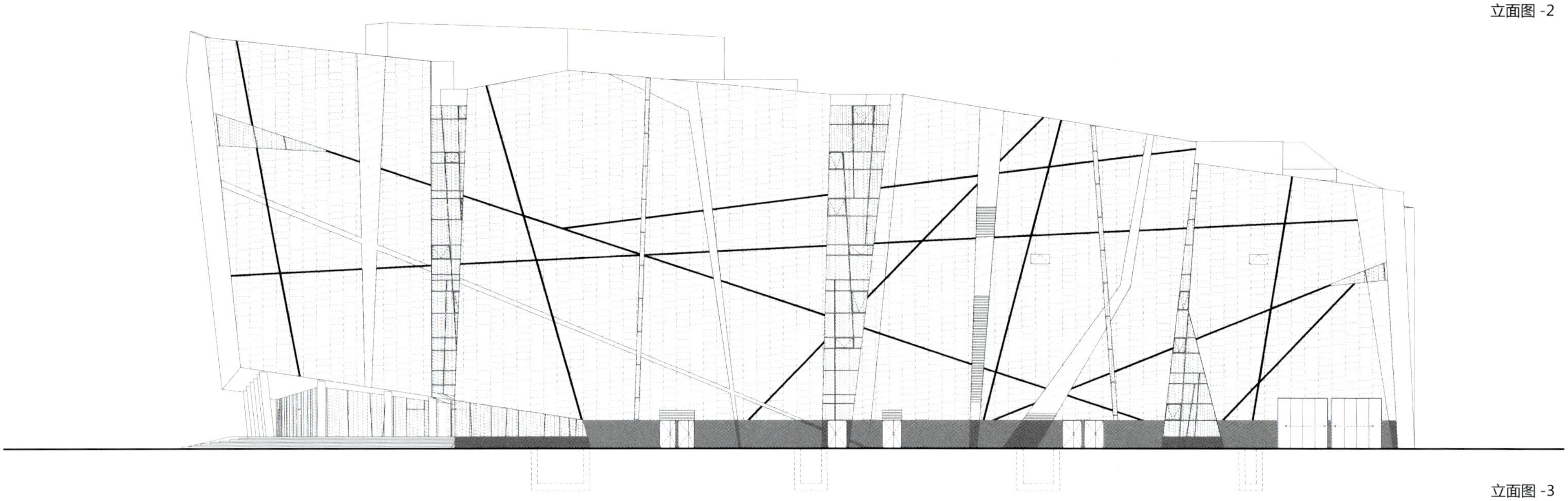

立面图 -3

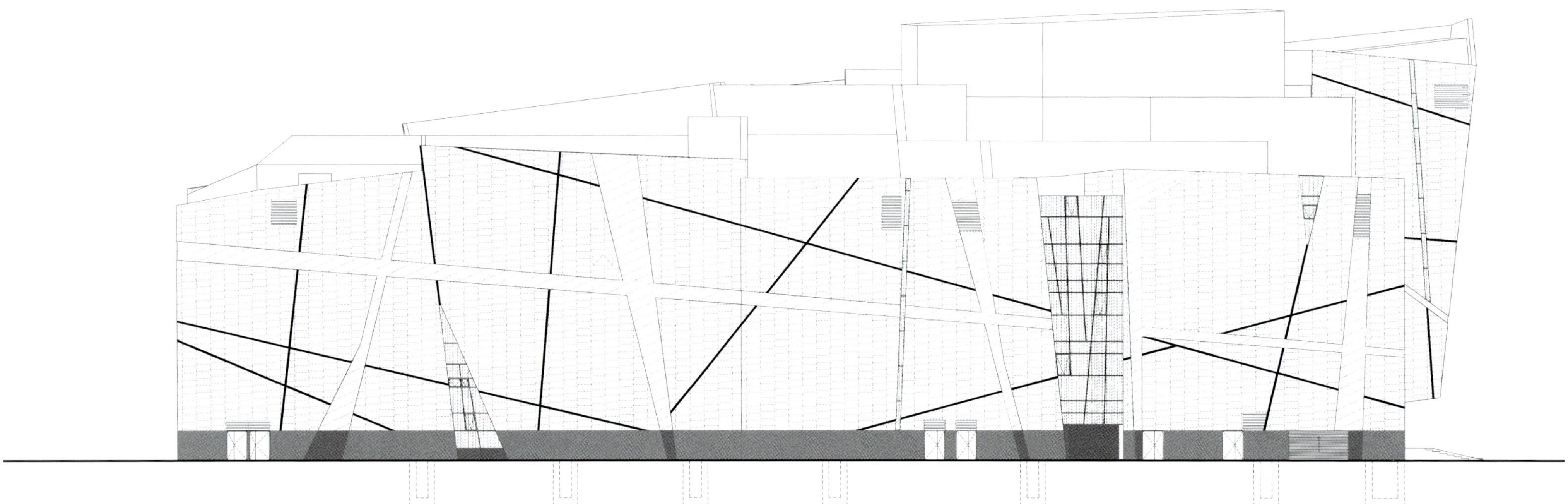

平面图 -1

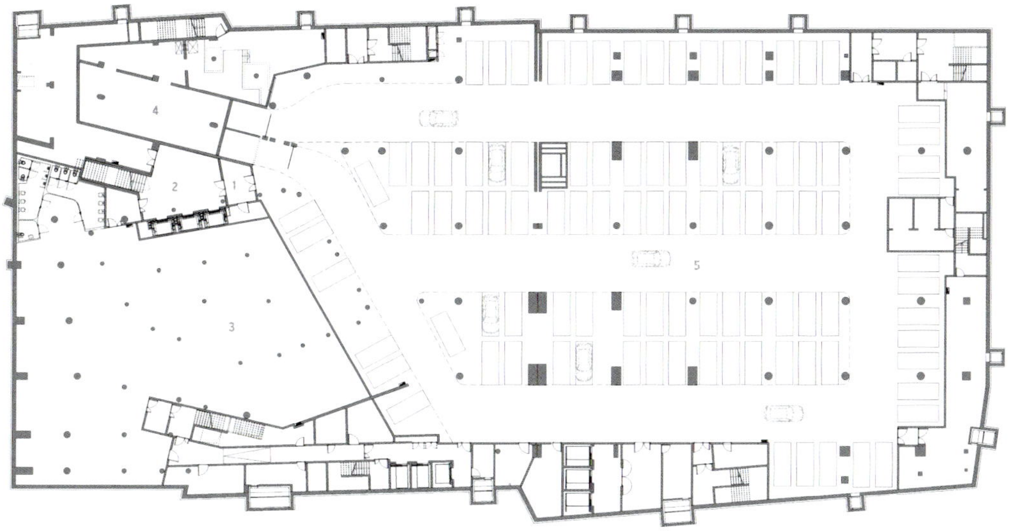

平面图 -2

平面图 -3

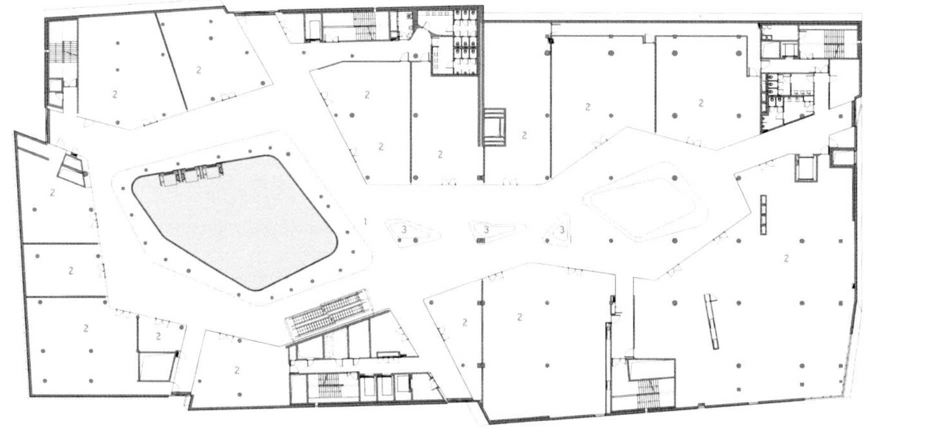

平面图 -4

平面图 -5

平面图 -6

平面图 -7

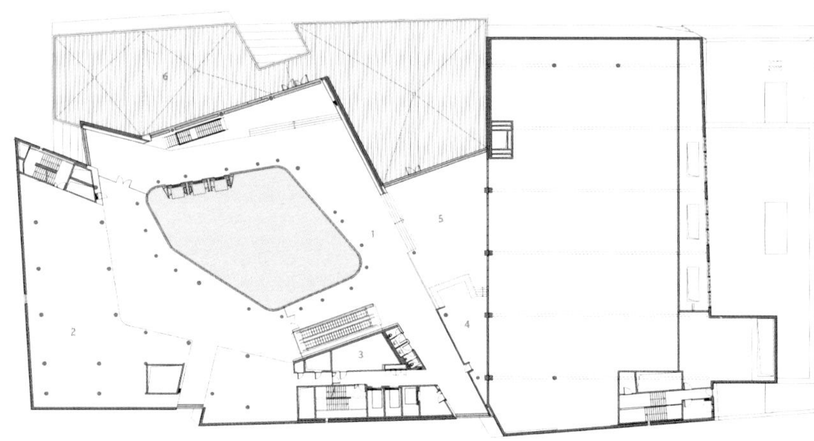

平面图 -8

平面图 -9

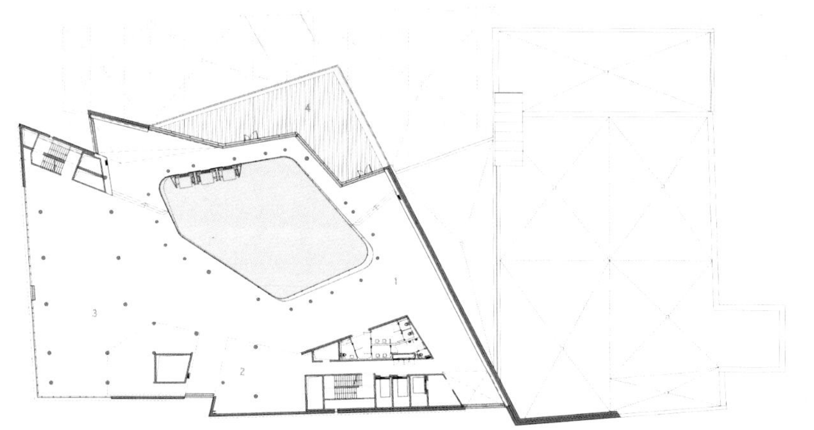

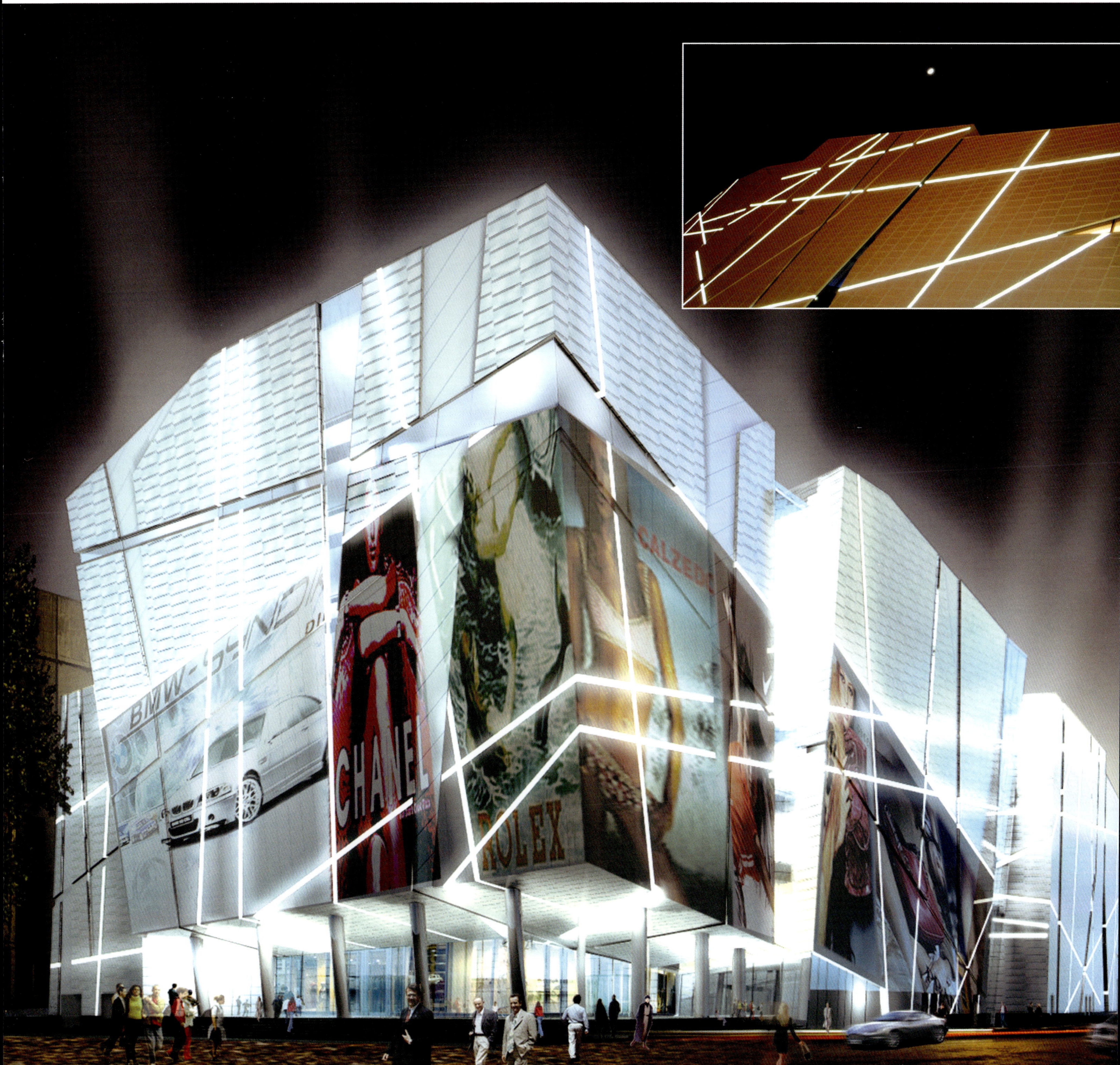
CHANEL
ROLEX

Vershina的设计理念源于一出辩证逻辑的戏剧，呈现出黑暗与光明、虚幻与现实、开放与闭塞的强烈对比。该建筑还配有特殊的灯光设备，外部的玻璃幕墙则形成大型的移动广告投影屏。原始切割技术将大楼外表面分为许多“锋利的面”，白天在自然光线的照射下炫目夺人，晚上在镁光灯下熠熠生辉。这种主次切割的效果使该建筑成为冬季黑暗中华丽的灯塔，与现今苏尔古特城的复合板材建筑形成鲜明对比。

剖面图 -1

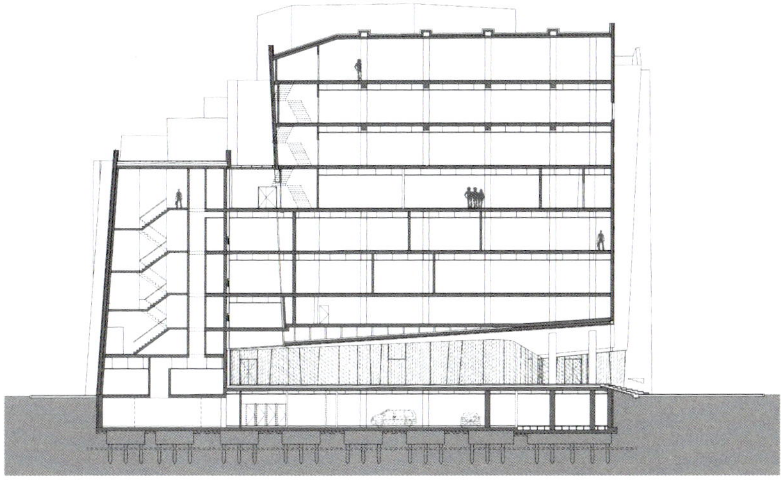

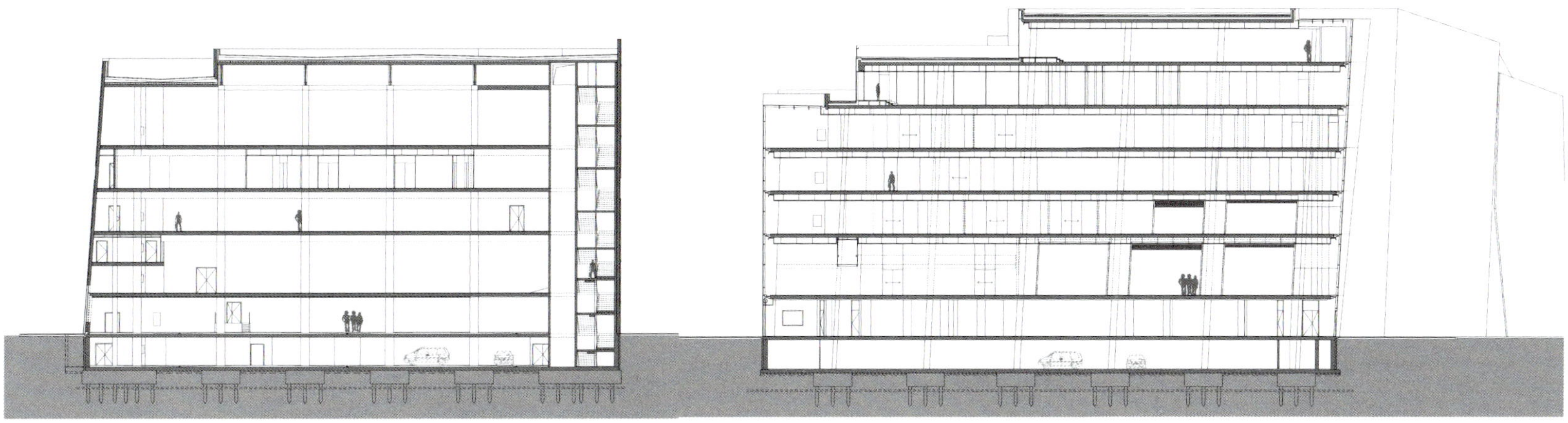

剖面图 -2

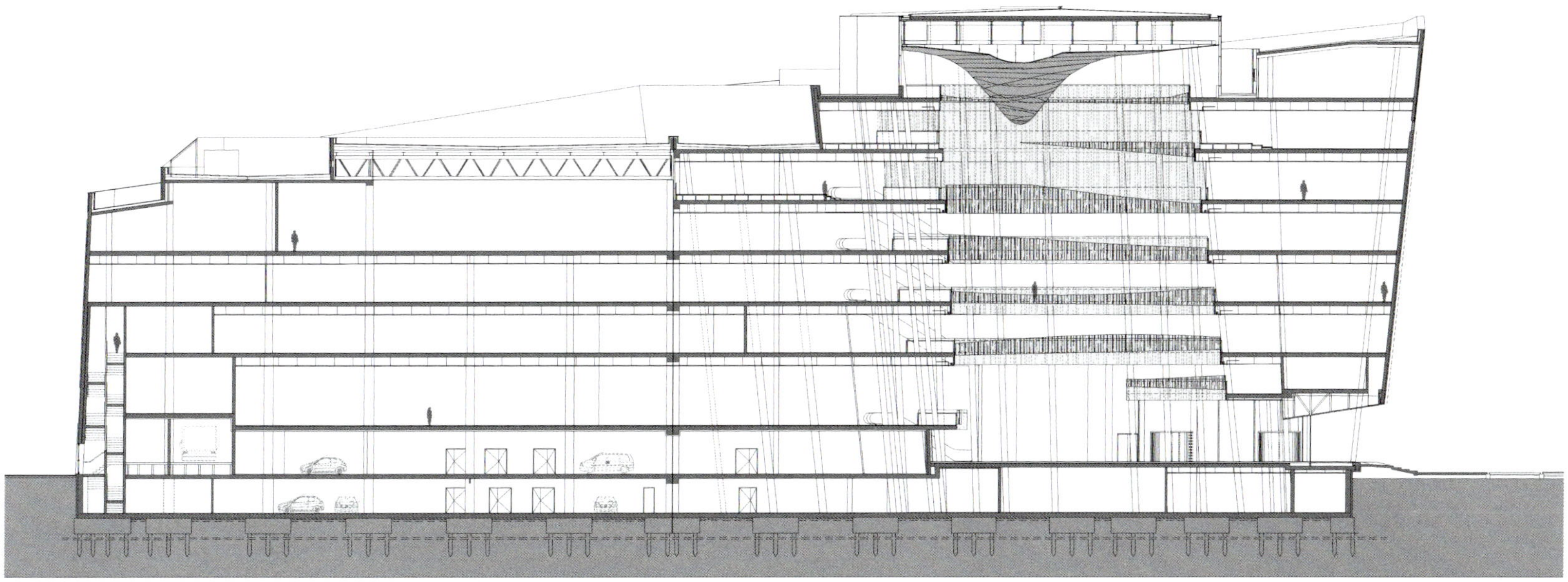

剖面图 -3

Liverpool One

项目名称：Liverpool One购物与娱乐中心
项目地址：英国，利物浦
竣工时间：2008 年
总 面 积：420,000 m^2
建筑设计：BDP建筑事务所

项目总览

Liverpool One购物与娱乐中心是发展局为扩大建筑用途，从而对新楼、翻新楼、街道和空间等进行全面规划中的一个全国性的重要综合项目。这里将会有新的购物娱乐设施、住宅单位、酒店、办公楼及相关建设。利物浦中心也将变得更加有活力，从而更好地服务于大众。

该计划方案主要分为6个各具特色的街区，即天堂街、汉诺威街、彼得大道、南约翰街、公园及巴士/电车中转站。整个项目既反映了城市中心的不同地点特征，同时也加强了邻近两个街区的联系，使整个项目连为一体。

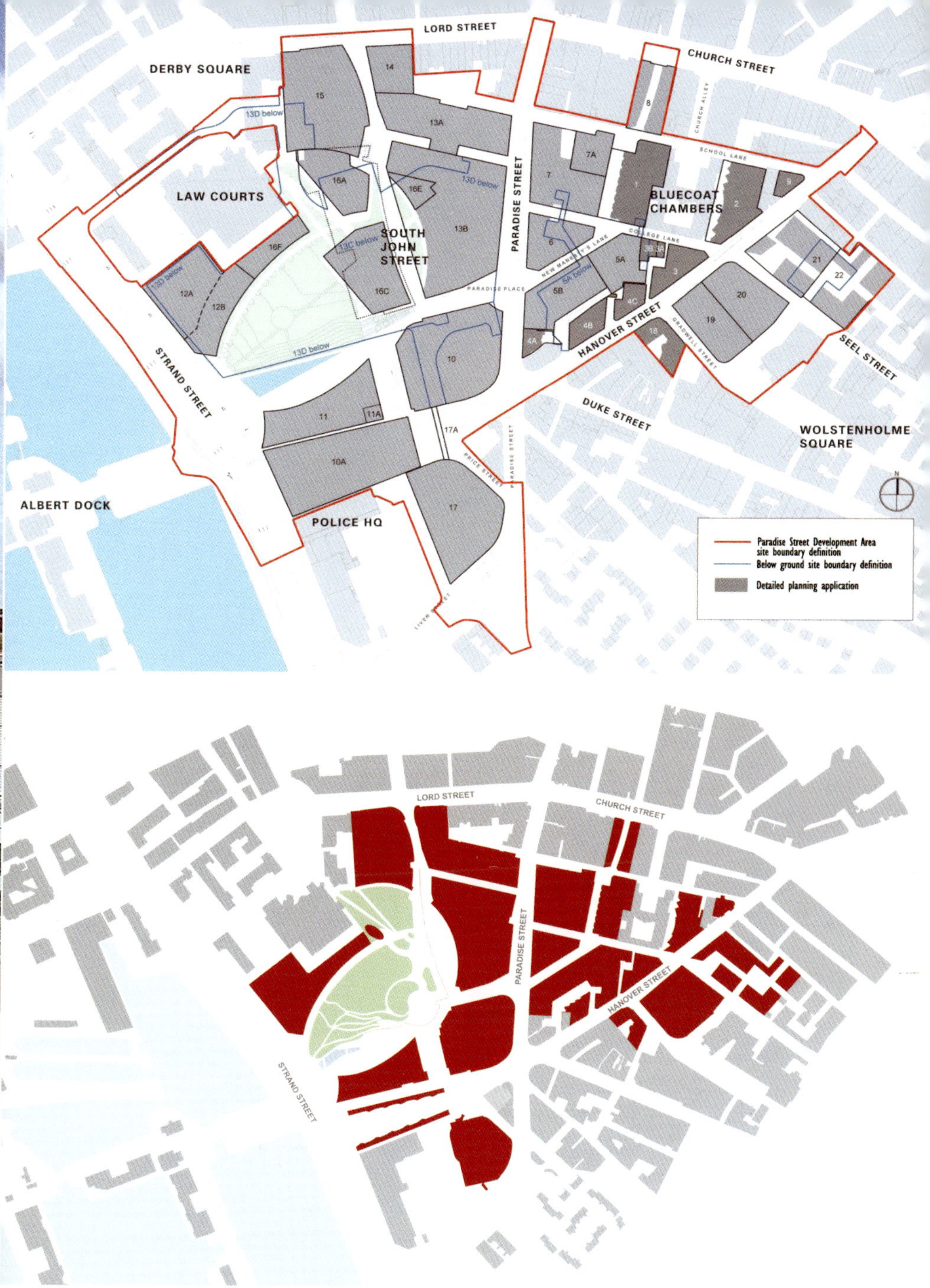

平面分析图

Liverpool One的设计是由许多来自不同地方、不同国家的国际知名建筑设计师共同完成的，力求实现其规模和设计风格的平衡，在利物浦丰富的建筑文化遗产中增添绚丽的一笔。

在首都文化年，Liverpool One为利物浦增加了不少的客流量。它代表着这个城市的鲜明特征，成为一个区域、国家乃至国际范围内的旅游胜地。同时，它在经济、商业、城镇景观及社会文化方面也做出了巨大的贡献。

DEBENHAMS
DEBENHAMS

EAST WEST CROSS SECTION THROUGH THE
PARK AND ADJACENT BUILDINGS

剖面图

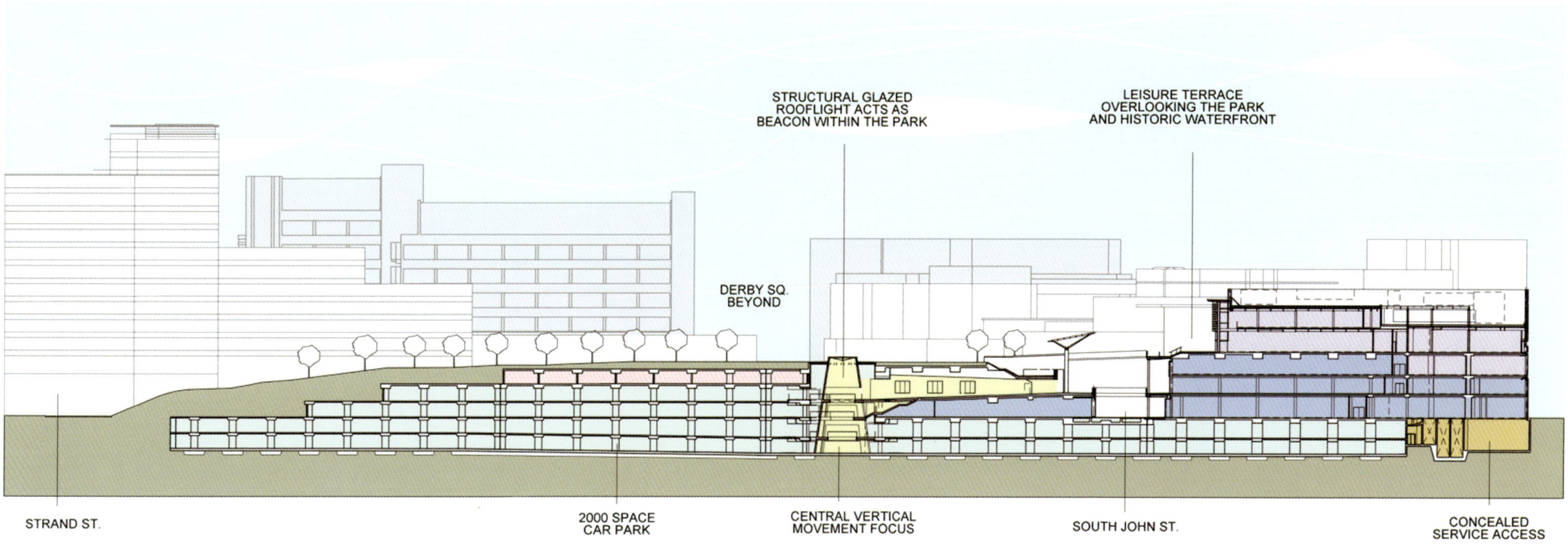

John Lewis

CAFÉ ROUGE
RESTAURANT

ODEON
Bench
JD

ODEON
Nando's

De Promesse

项目名称：De Promesse 广场

项目地址：荷兰，莱利斯塔德

竣工时间：2009 年

总 面 积：25,100 m^2

建筑设计：De Architekten Cie.

开 发 商：Fortis Vastgoed Ontwikkeling N.V., Utrecht

设施类型：购物中心，住宅，办公，图书馆

摄 影 师：Rob Hoekstra/Jan Willem Baijense/Pieter Kers/Your Captain Luchtfotografie

项目总览

该项目的3个街区均由De Architekten Cie设计完成。它是新的规划核心，同时也成为莱利斯塔德的新中心。此次重建计划的目标是：提高建筑密集度，增加多功能的项目设施以及高质量的公共空间。这些街区是Promesse周边的组成部分，形成商业街的中心和车站之间的缺失补充。

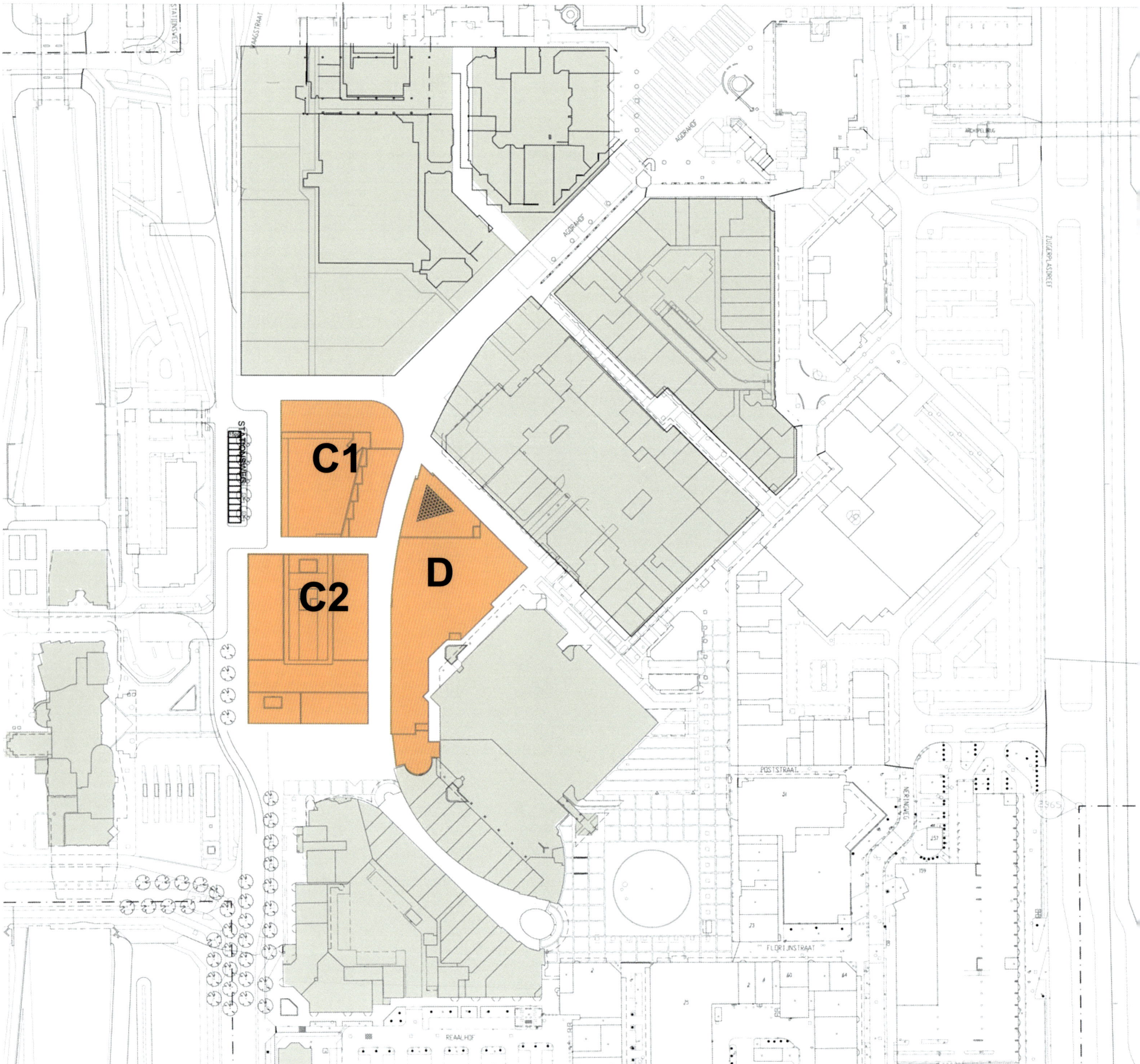
C1
C2
D
STATIONSWEG
AGORAHOF
POSTSTRAAT
FLORIJNSTRAAT
REAALHOF
ZUIDERPLASDREEF
NERINGWEG

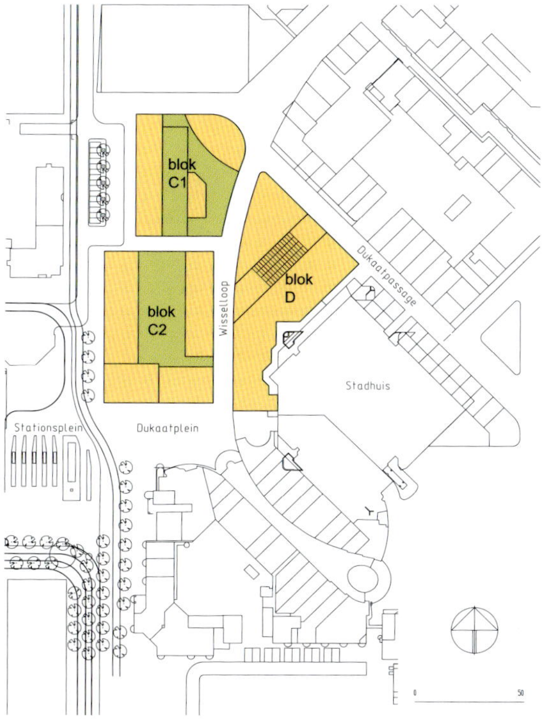

全景平面图

平面图 -1

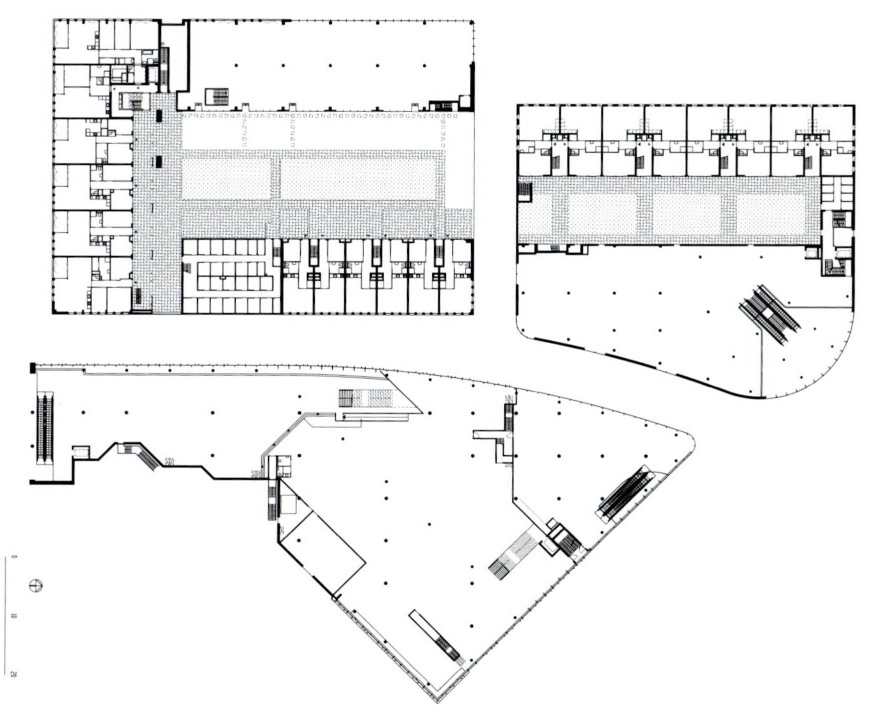

平面图 -2

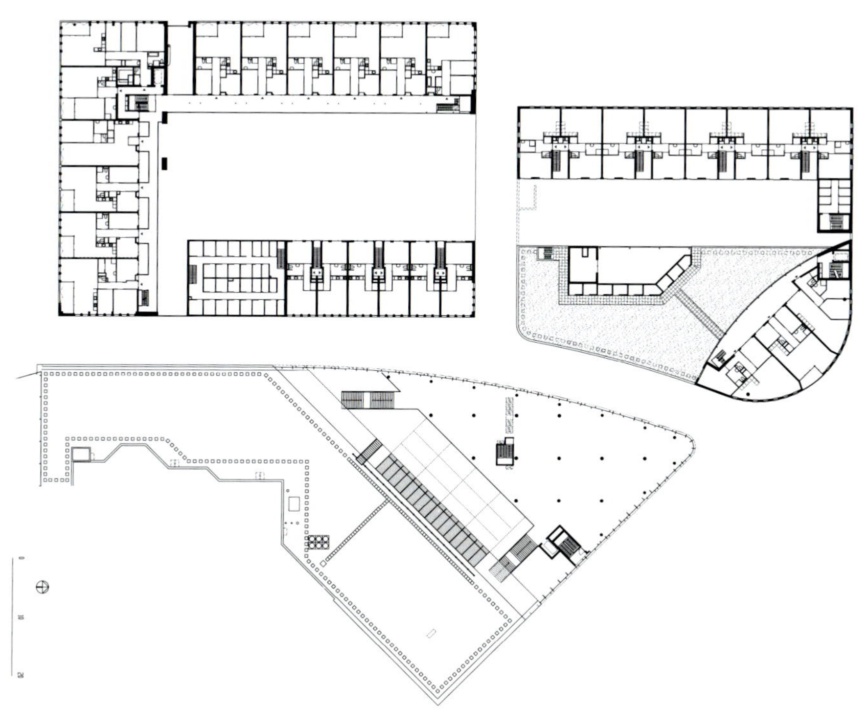

NEW YORKER
SALE!
THE STING

Etam
OPRUIMING
OPRUIMING

THE STING
UITVERKOOP

NELSON

立面图

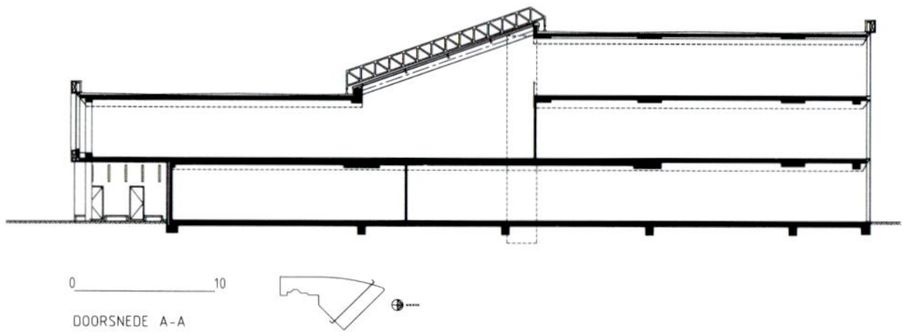

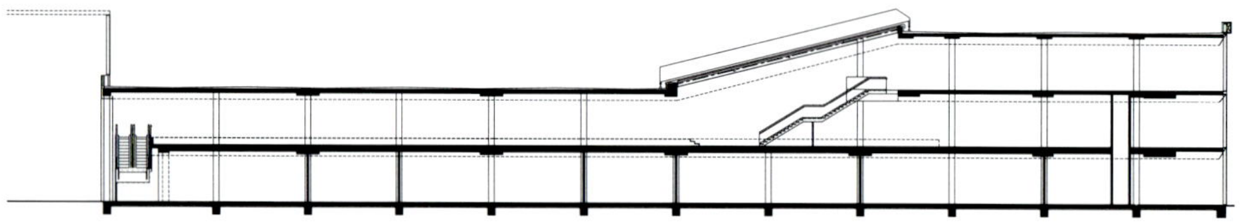

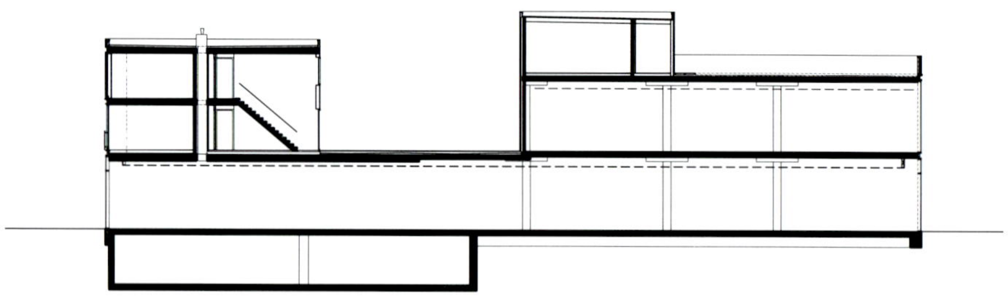

0 10

DOORSNEDE A-A

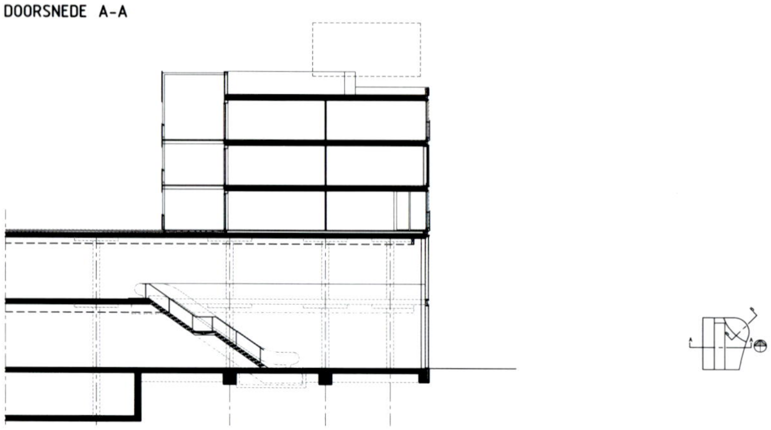

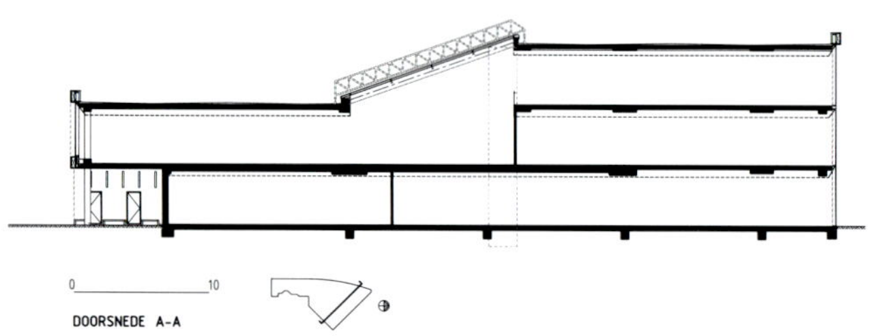

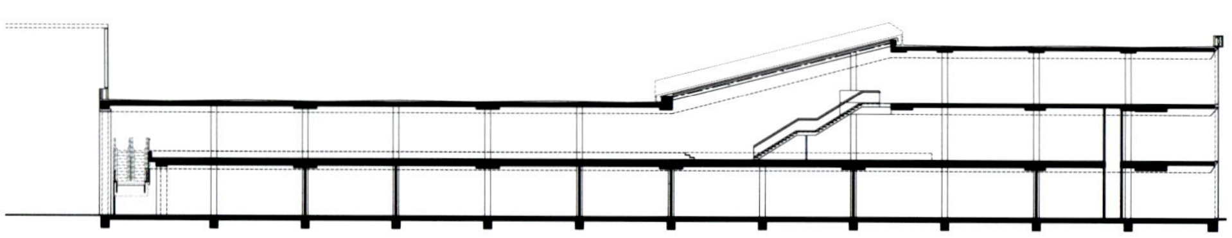

立面图

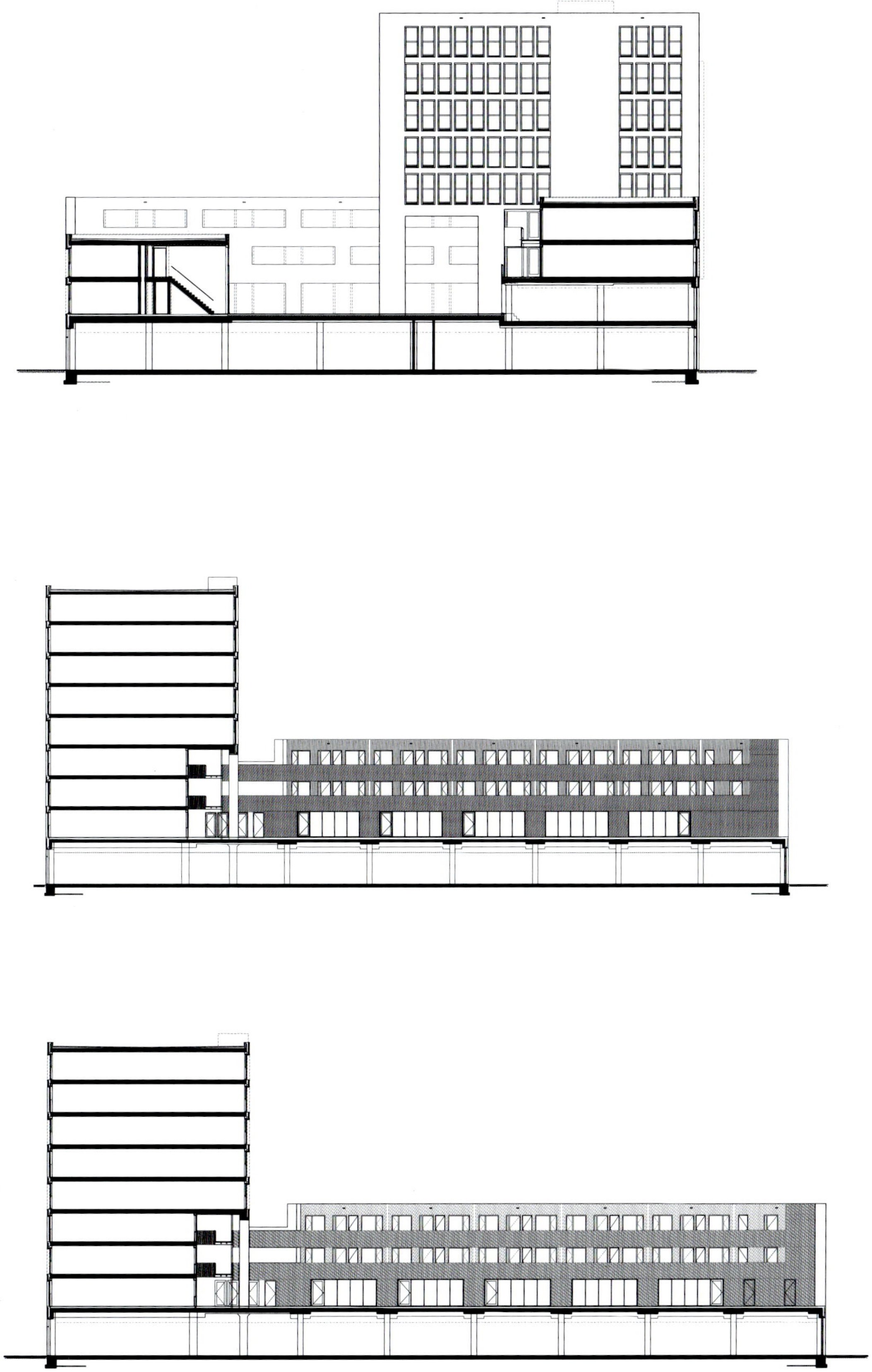

GERRY WEBER
EXPO
ecco
NELSON
TE KOOP

GERRY WEBER
SALE SALE
EXPO
GRATIS MINI LAPTOP
iPhone 3G

3条街区的地下部分形成主要的购物商业区。Medaillon 和Kroonjuweel两条街区是公寓住宅项目，其中Kroonjuweel街区还分布有一些办公建筑。Bibliotheek街区是公共图书馆和FlevoMeer Bibliotheek的主要分支。除了通过设施功能来区分3条街区，它们的建筑风格和容积等特征也各不相同。

Vögele
Etam

ecco
NELSON

MEXX
NELSON

Stadh

Salling Department Store

项目名称：Salling百货商店（扩充）
项目地址：丹麦，奥尔胡斯
竣工时间：2008 年
总 面 积：9,000 m^2
建筑设计：C. F. Møller建筑事务所
开 发 商：F. Salling A/S

项目总览

Salling百货商店位于步行街主道的正中央，扩充部分包括6个楼层。其中，地下一层是与步行街相邻近的两个地块上并在原有建筑的基础上扩建而成的。

UDSALG
Salling
Salling
Gågade
Zone
UDSALG
UDSALG

TDC

Salling

扩建工程对其现有的楼层和入口地区重新布局，并对大楼外观进行全面改造。这次扩建的主要部分是一个巨型包铜的地块结构，并通过步行街来塑造其外表。大楼的内部也变得更加开阔，中心的中庭部分通过地板连接各个楼层，当然还有自动扶梯。中庭的边缘则由明亮的玻璃条装饰而成，在有限的空间里制造出多变的效果。

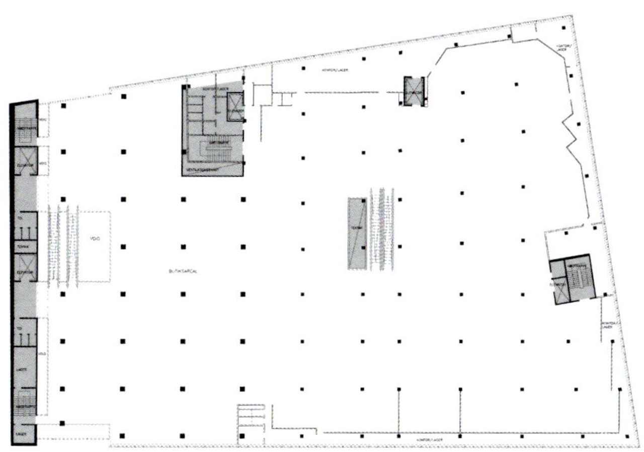

平面图

立面图

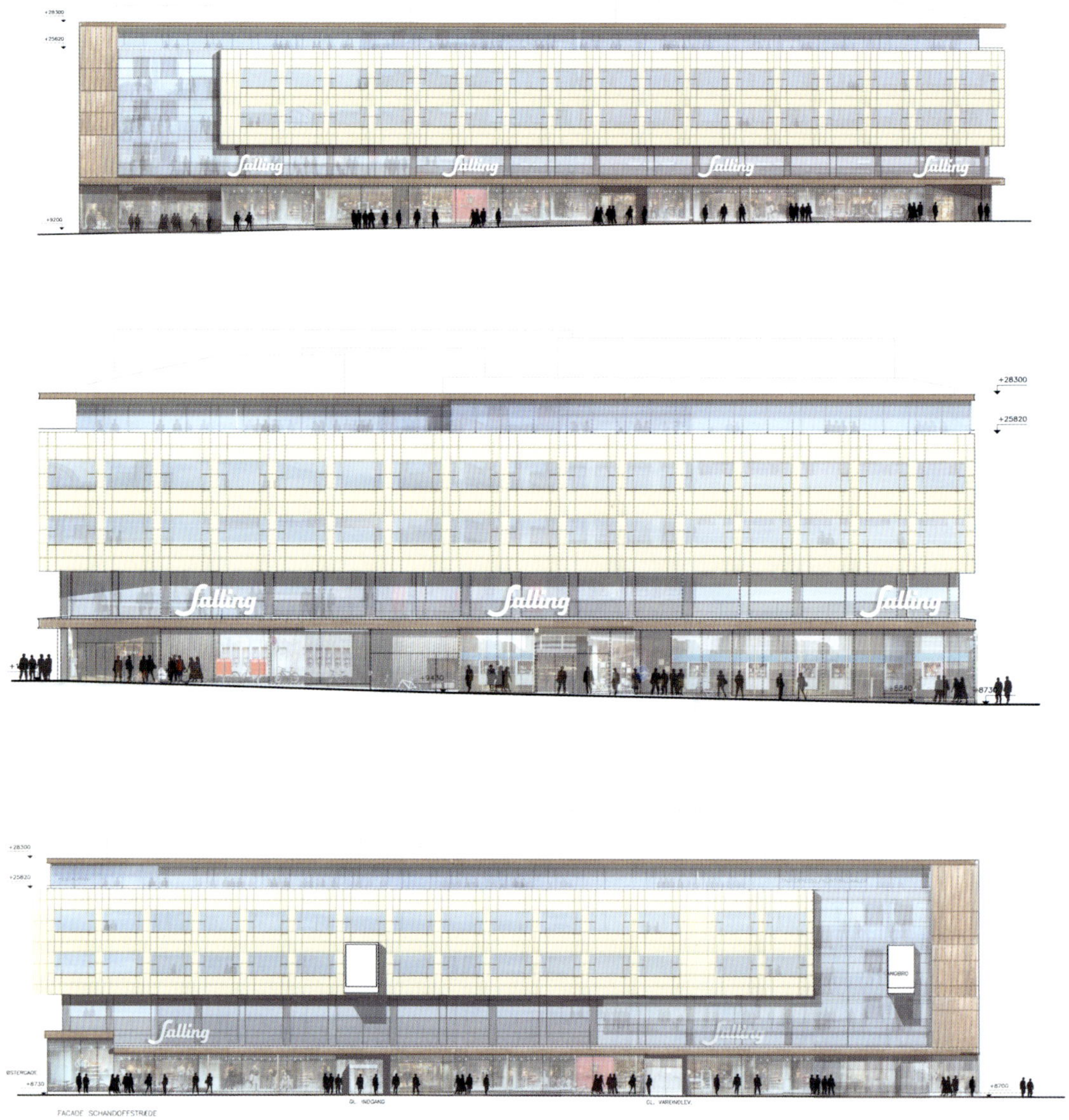

原有大楼的外观已被重新改造，塑造出其充满活力的一面。这种新的设计灵感借鉴于原有外观的特色分区及光滑的黄色玻璃面板。外墙由玻璃、铝、不锈钢和铜等材料混合建于水泥平板之上。外观的设计中还包含了许多设计师对安全的考虑因素，如防腐蚀措施等。

剖面图 -1

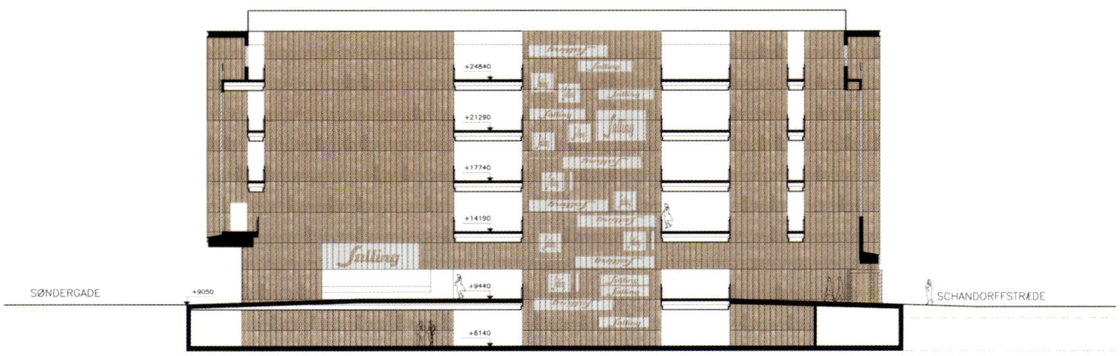
SØNDERGADE
SCHANDORFFSTRÆDE

剖面图 -2

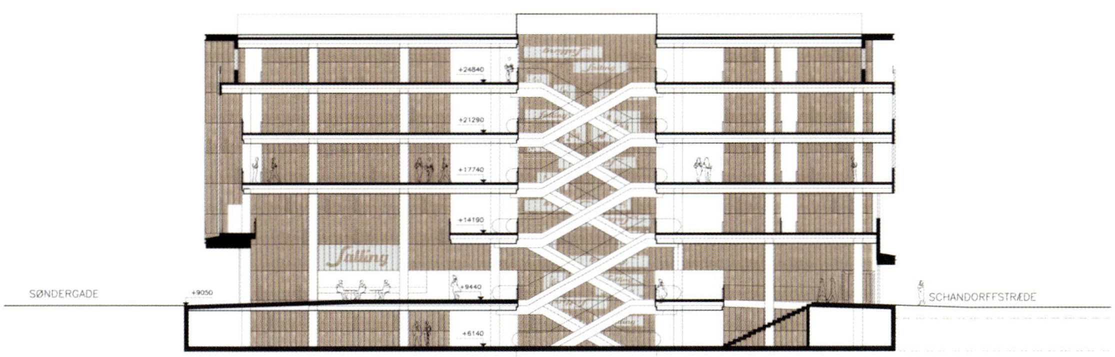
SØNDERGADE
SCHANDORFFSTRÆDE

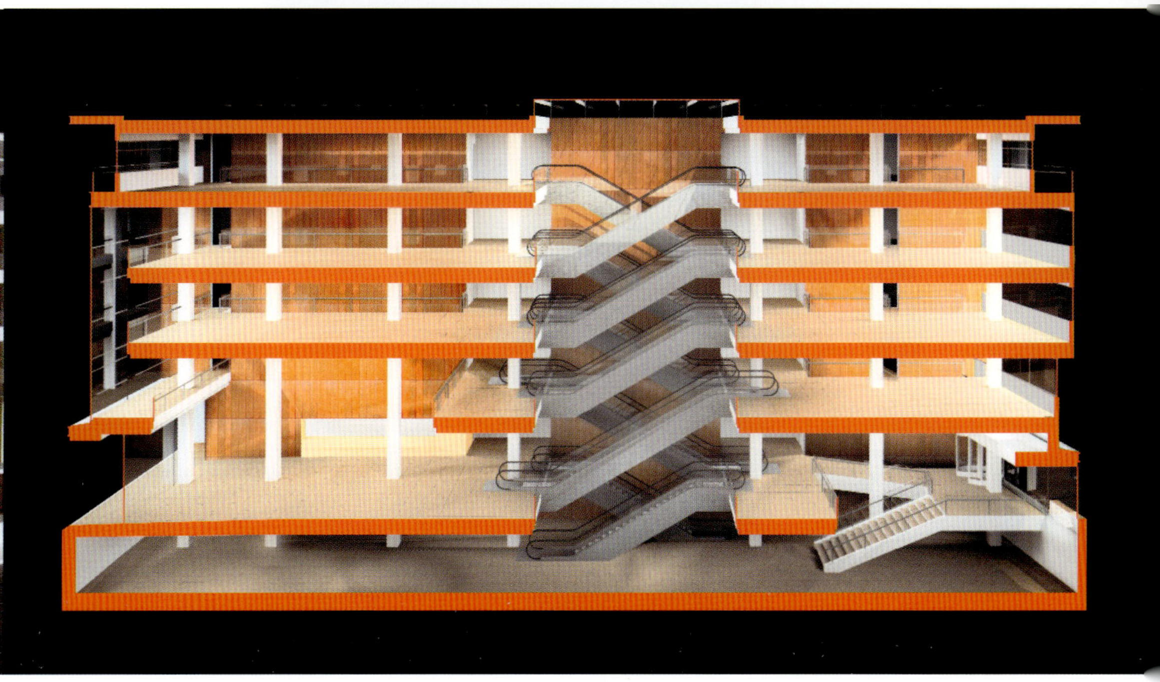

PUMA
ecco
MERRELL

3
ecco
1

4

K:fem Department Store

项目名称：K:fem百货商店

项目地址：瑞典，斯德哥尔摩省，魏林比城

竣工时间：2008 年

总 面 积：16,600 m^2

建筑设计：Wingårdh Arkitektkontor

灯光设计：Ljusarkitektur P&Ö

开 发 商：AB Svenska Bostäder

摄 影 师：Patrik Gunnar Helin/Christian Saltas/Åke E:son Lindman

项目总览

在曾经的日子里，孩子们和他们的妈妈在斯德哥尔摩郊区内的社区里嬉戏玩耍，但各种建设活动慢慢摧毁了曾经的邻里单元，匮乏的电影院及商店等使人们的生活极为不便。魏林比城急需新鲜血液的注入，这片居住社区也需要一间百货商店以方便居民的日常生活。

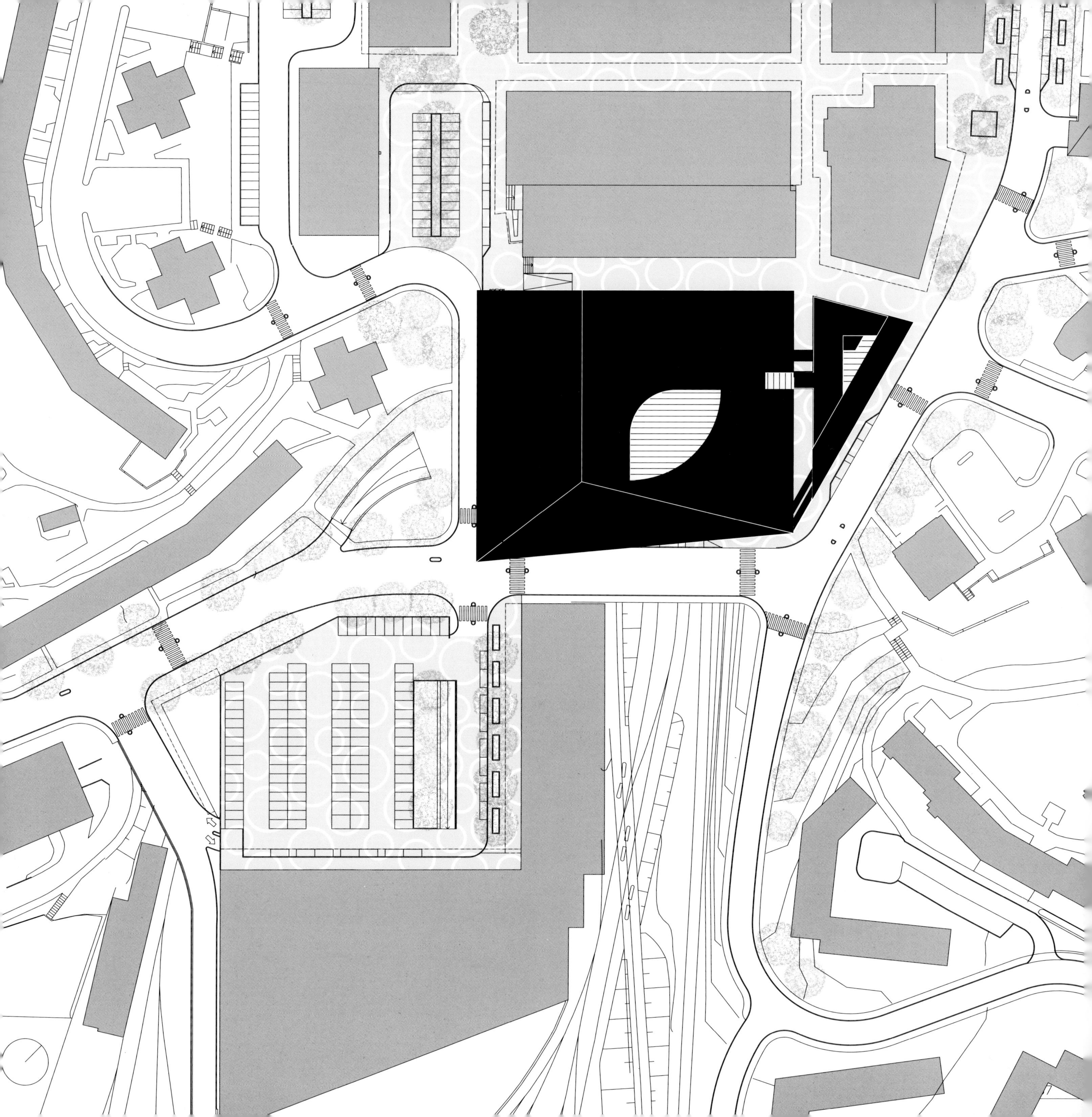

K:fem百货商店有着犹如漆器一般的红色外表，如一件珍贵的艺术品矗立在市区之中。建筑物层层堆叠，一股油然而生的深度感在其立面上传递。乳白色的玻璃由下而上逐渐变得透明，进而暴露出其红色的肌肤，最终白色在高处消失。整个外观尽显出一幅和谐景象，没有任何多余的部分破坏其完美的设计。红色顶部的白色字母则是唯一显露公司内部景象的地方。该中心主要经营时尚品牌，独特的设计正象征着将这些品牌聚集在同一屋檐下，共享一片天地。

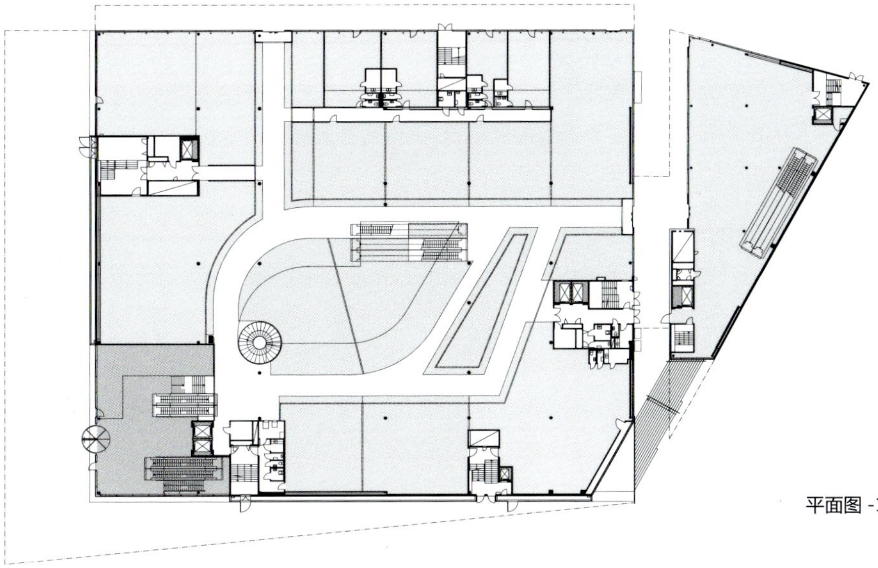

平面图 -1

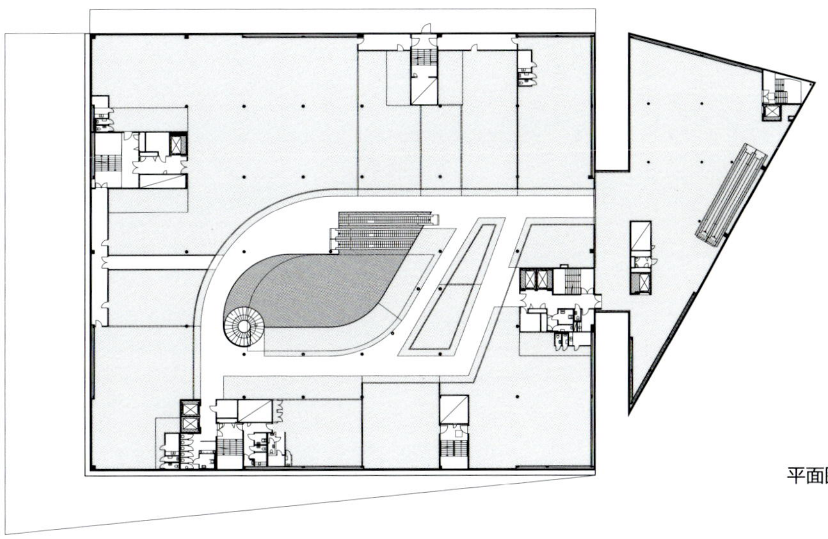

平面图 -2

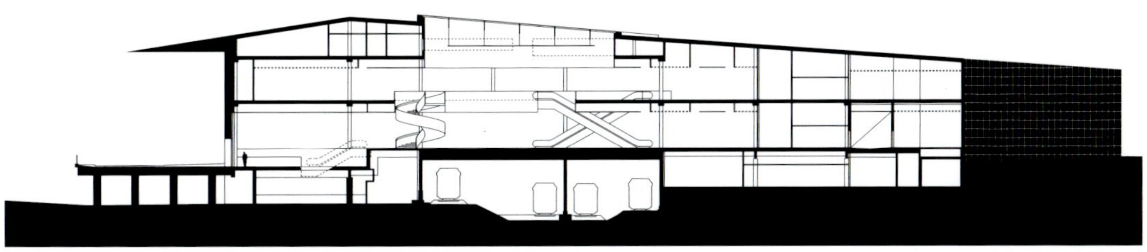

立面图 -1

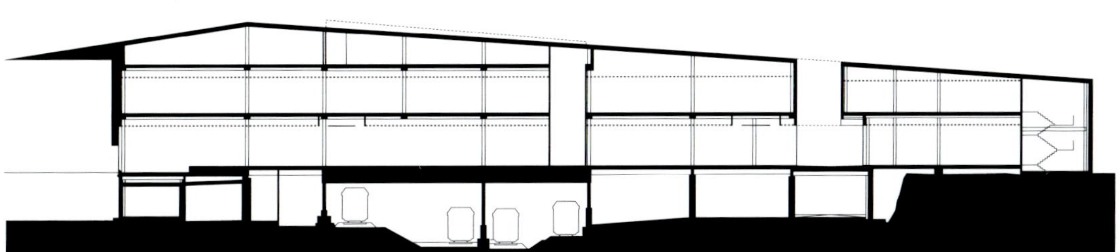

立面图 -2

Gant
k:fe

Brothers
Radical Sports

如果说装饰有白色蕾丝边的红色礼服是百货公司的外套，那么它的内衣也同样精美华丽。商场内部依然延续其半透明的设计主题，天花板上投射下来分散的光线，栏杆上的白色图案在映照下看起来更像是清晨的薄雾。盘旋而上的空间设计让你仿佛置身于一次旅行，如穿过云层的飞机般若隐若现。

Tama Plaza

项目名称：Tama广场

项目地址：日本，东京

竣工时间：2009 年

总 面 积：40,000 m^2

建筑设计：Laguarda Low Architects

项目总览

Tama大厦是Tama市的新商业中心，Tama市也正努力发展其商业竞争力，并力求超越周边城市。大厦位于主要的交通中心，邻近机动车主干道、巴士道及火车轨道，由露天商业街和室内购物中心两部分组成。这个新中心的独特之处不仅因为其开放性和市场性的特点，还因为它对其拥有土地所有权的几个街区都进行了创新的跨越式设计，更难得的是该中心能够在日本的传统商品模式下创造出全面统一的商业发展模式。同时，这种新型统一的发展模式还带动了周边地区的发展。

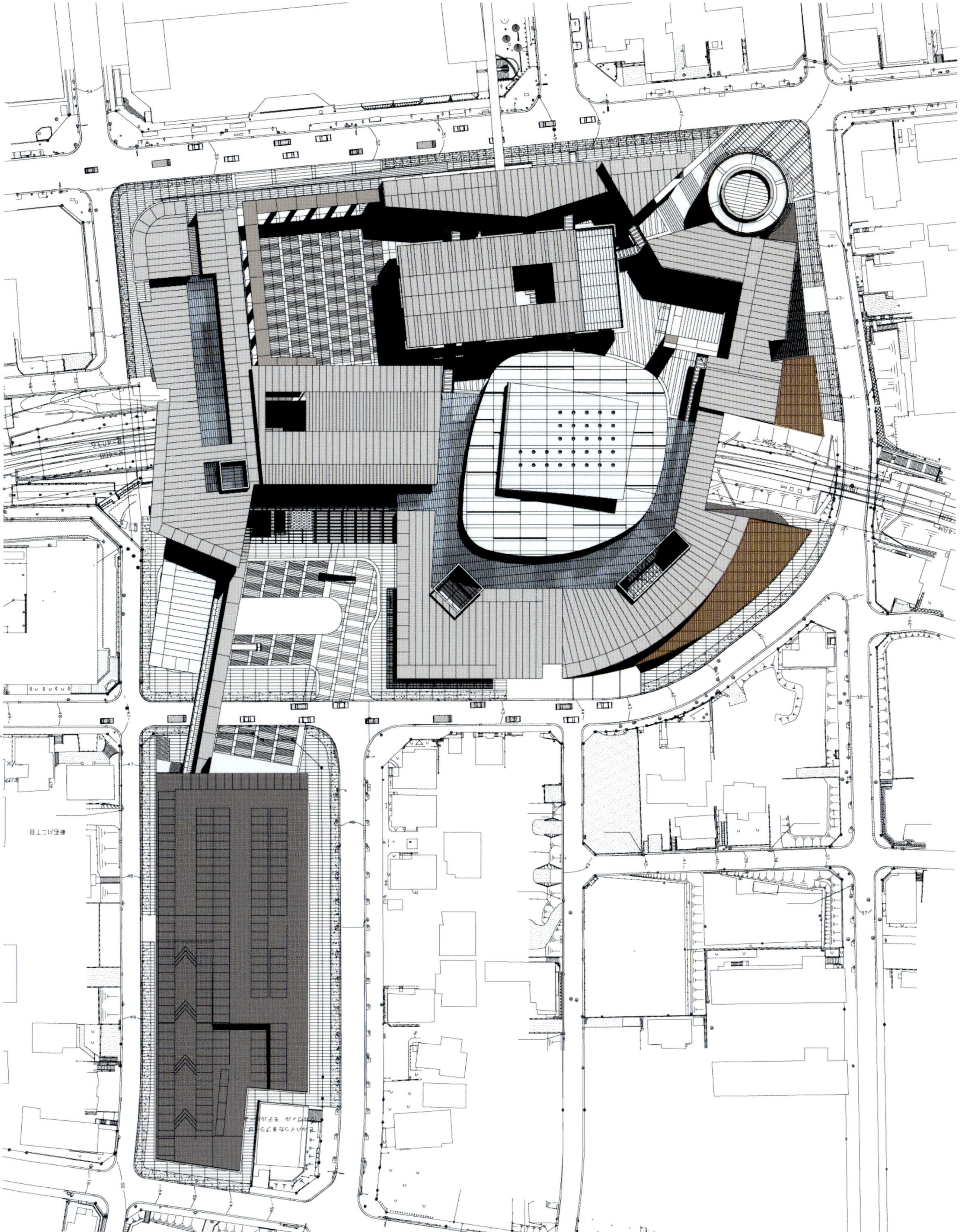

全景平面图

SOUTH
PLAZA

SOUTH PLAZA

アトリオドゥーエ
たまプラーザ
BAGEL & BAGEL
4F

GATE PLAZA

这个新的城市中心由一系列露天广场和室内广场共同组成，并且在游客与商场之间形成了良好的沟通，吸引街道上的行人进店购物，观赏橱窗或参观。该建筑将其公共空间及在其它建筑的映衬下仍然傲立于街道的外观相分离，并运用Wabi Sabi的理念与日本非永久性艺术的特点，将其特质定义为透明、清晰、谦逊且多样化。

SOUTH PLAZA
SOUTH PLAZA
BAGEL & BAGEL

72
66
60
54

立面图 -1

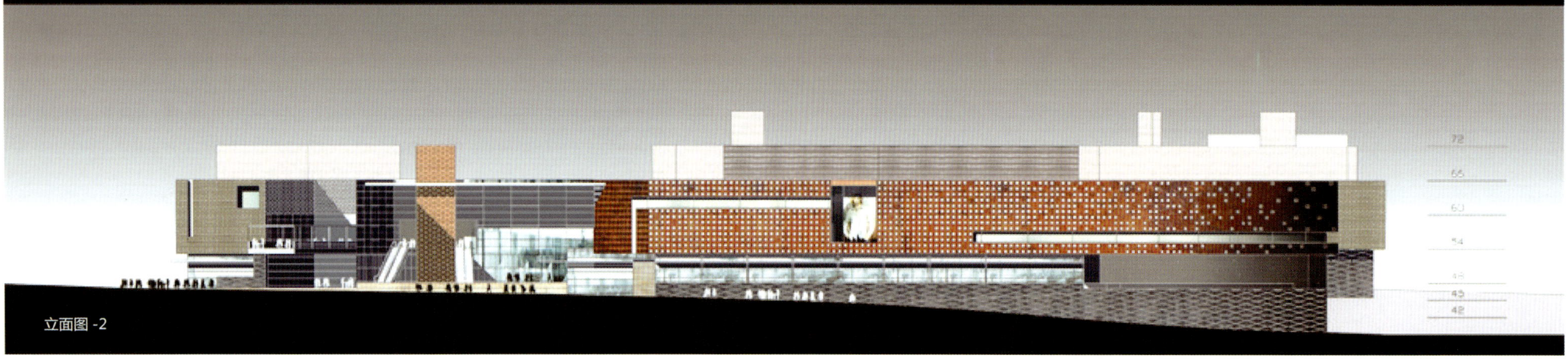
72
66
60
54
45
42

立面图 -2

Books
羽田空港

BAGEL & BAGEL

たまプラーザ駅
Tama-plaza Sta.

東急スイミングスクールたまプラーザ

東急電鉄 たまプラーザ駅
Tama-plaza Sta.
東急田園都市線 のりば(東改札)
East Gates

北口
North Exit
南口
South Exit
Information
危険物品
持込み厳禁

STARBUCKS
COFFEE

Delta City

项目名称：Delta City广场
项目地址：塞尔维亚，新贝尔格莱德
总 面 积：55,000 m^2
建筑设计：MYS Architects
设施类型：购物，娱乐，餐饮

项目总览

作为塞尔维亚第一间真正的购物中心，Delta City自开业起就成为人们寻求快乐和放松精神的好去处。

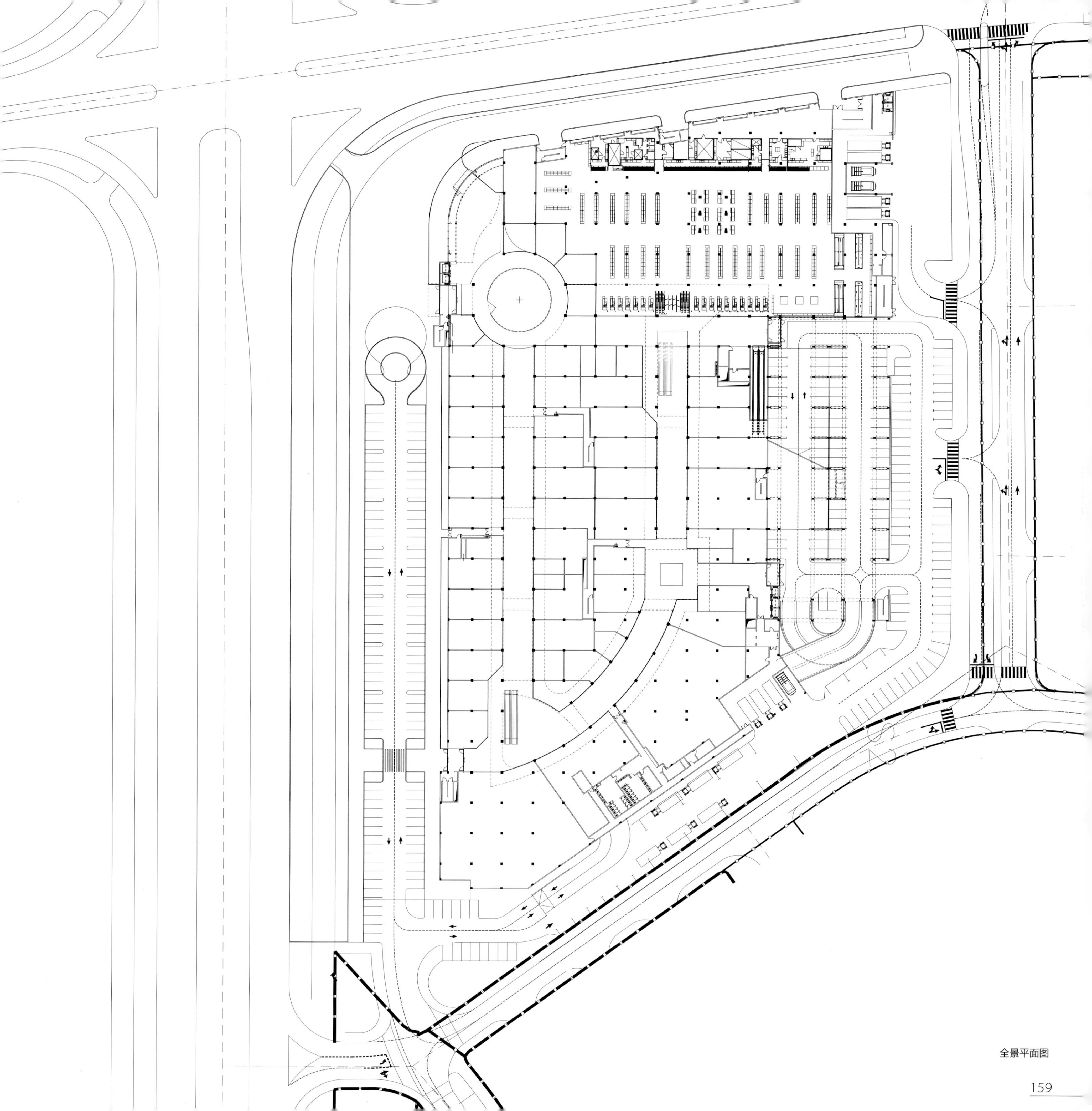

全景平面图

MALL 67
Pizza Hut
DKNY
Nikon
Coca-Cola
KFC
GAP

Delta City在其现代华丽的环境中，还有棕榈树和明亮的灯光作陪衬。于是，人们无论在工作日、周末、甚至是假期都能在这里找到属于自己的乐趣。

这里有各类商铺、综合性多厅影院、保龄球馆、大型儿童游乐场，咖啡厅和餐馆等娱乐设施也应有尽有。总之，Delta City是集购物、餐饮为一体真正的顶级购物中心。

立面图

LACOSTE
HILFIGER
DENIM

CYBER CAFE
KFC
Najbolja
piletina
u gradu!
II sprat
KFC
Piletina
na pravi
način!
KFC
100%
-30%
-50%

Delta City于2009年被国际购物中心协会评选为欧洲最佳购物中心，同时参选的还有其它来自19个国家的41间购物中心。

Bershka

Dot Envelope

项目名称：Dot Envelope 广场
项目地址：斯洛文尼亚
竣工时间：2008 年
总 面 积：3,400 m^2
建筑设计：OFIS建筑师事务所
室内设计：Mercator Optima
开 发 商：Mercator d.d.

项目总览

该项目的前身是一个旧的屠宰场，已被列为历史工业基地，包括一个水塔和一个旧的屠宰大厅。

Mercator

新购物中心的3面都设有停车场，简单实用。其中，尤为重要的是3面停车场的装修费用却没有超过1面停车场的装修预算。

随着时间的推移，外墙绿色的攀爬植物还会覆盖建筑表面，呈现出它变幻无穷的一面。

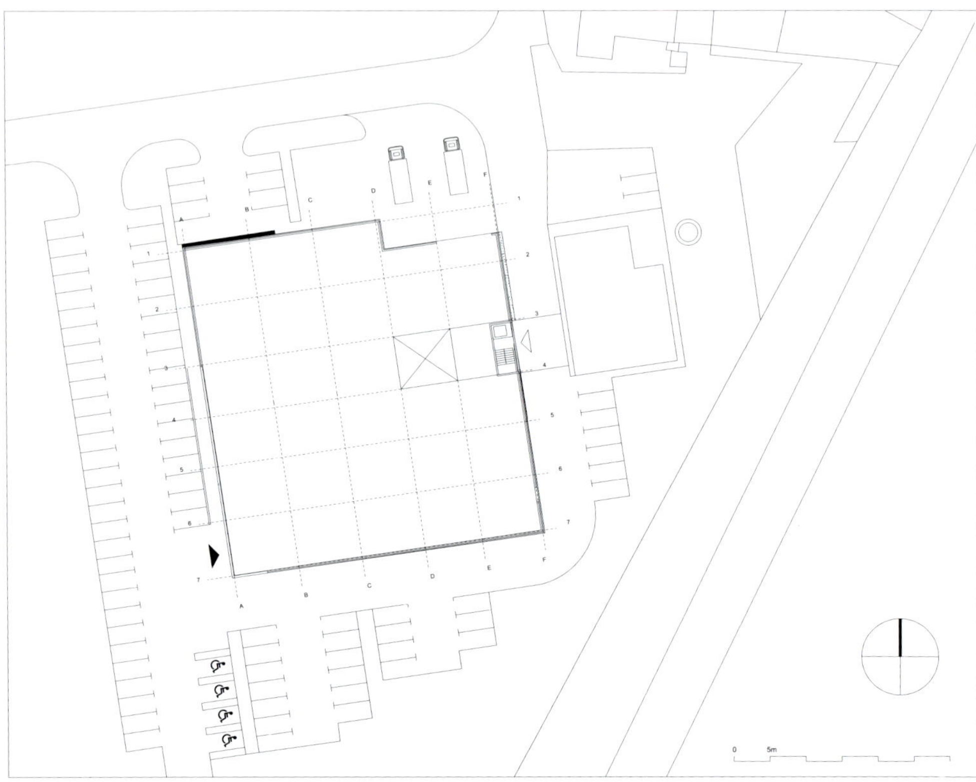

全景平面图

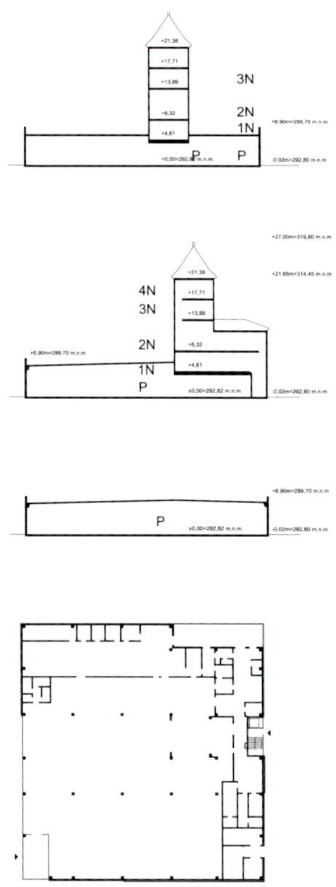

分析图

所有的内部装修和装饰都按照“墨卡托标准”严格执行，即购物公司对所有商场制定的统一标准。

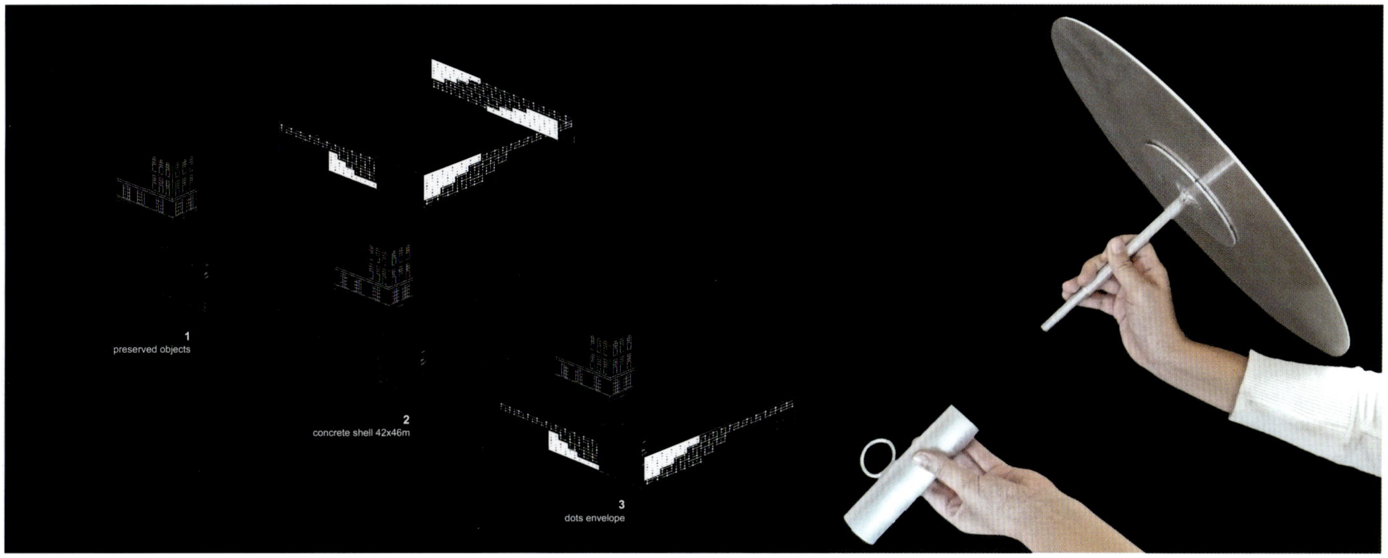

立面图 -1

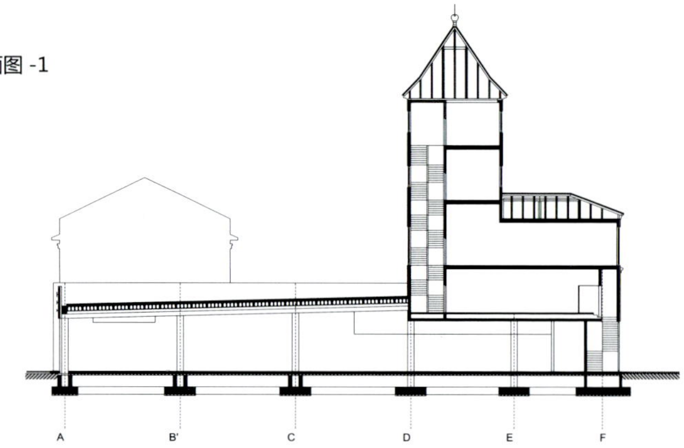

section AA

立面图 -2

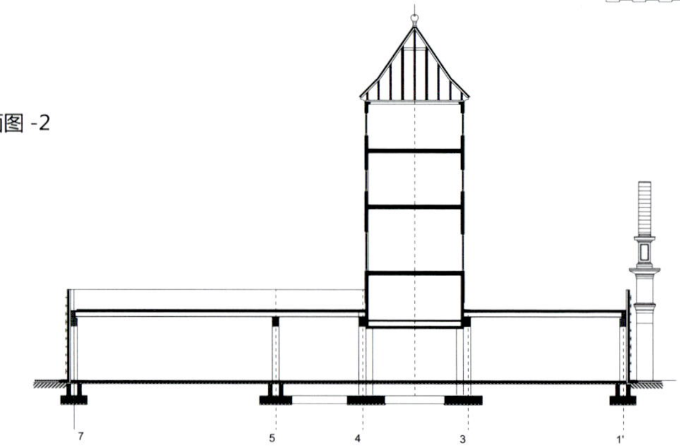

section BB

平面图

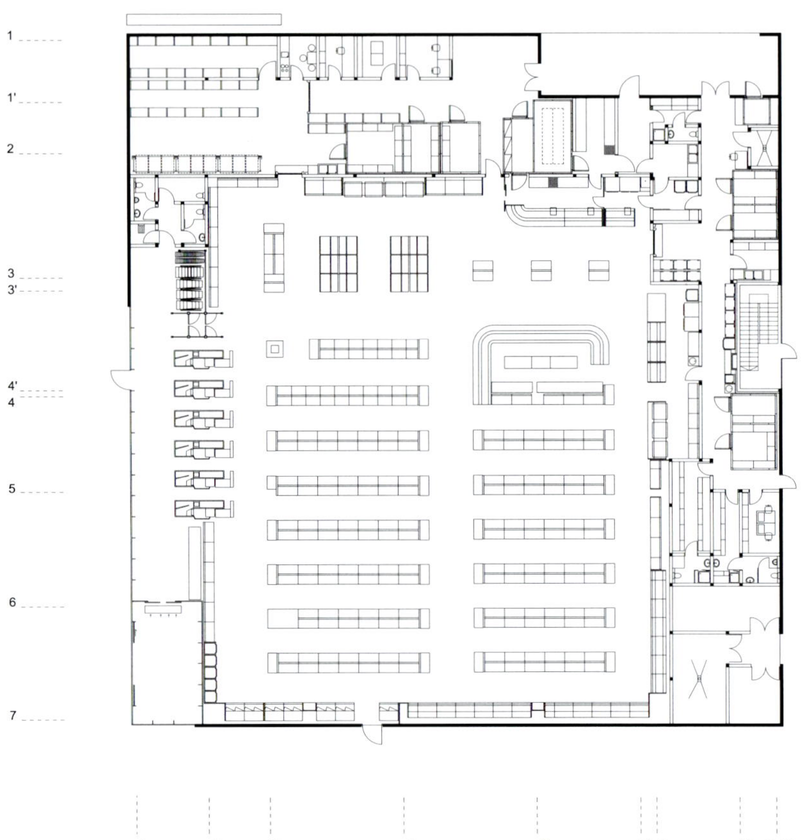

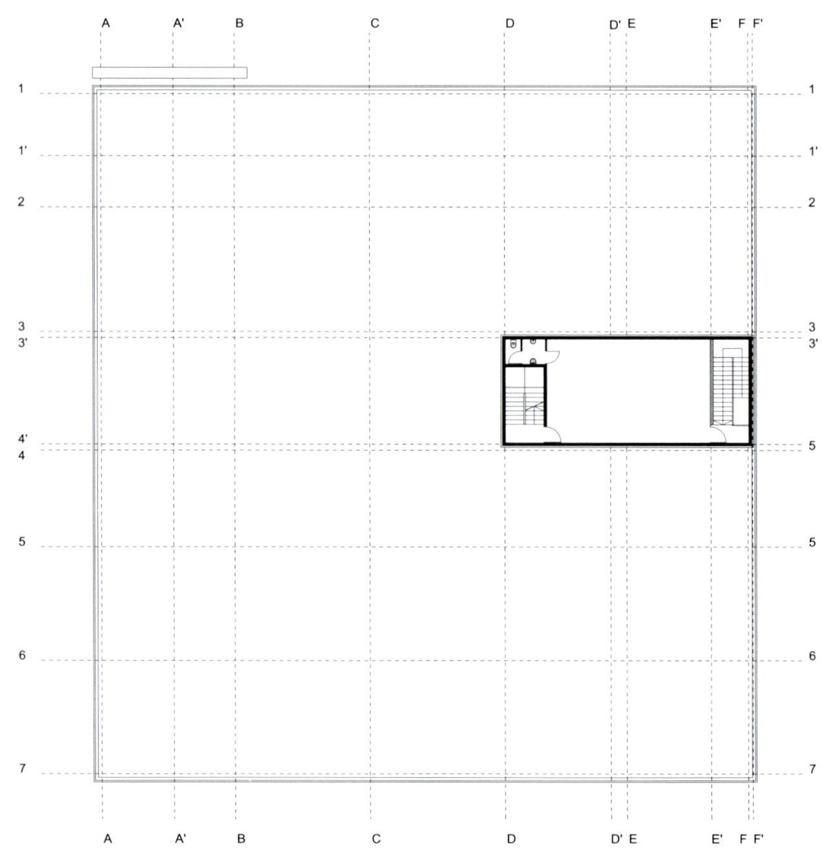

Mercator

Mercator
Mercator

Mercator

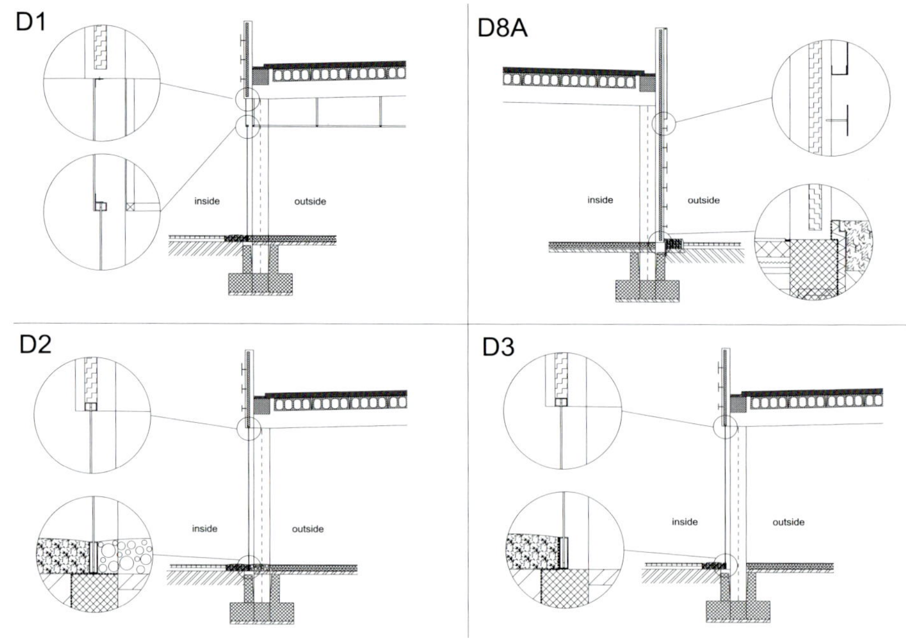
D1
inside
outside
D8A
inside
outside
D2
inside
outside
D3
inside
outside

分析图

立面图

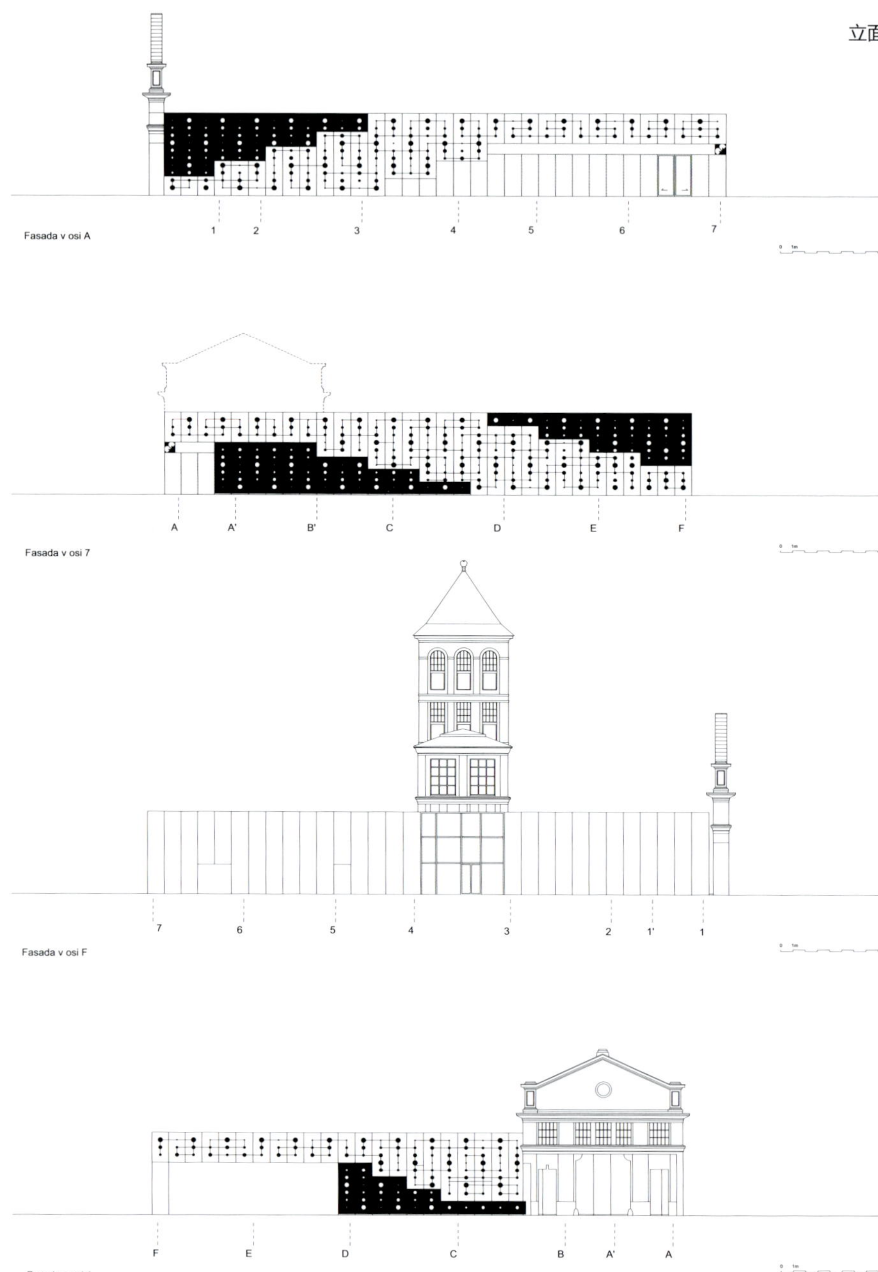
Fasada v osi A
Fasada v osi 7
Fasada v osi F
Fasada v osi 1

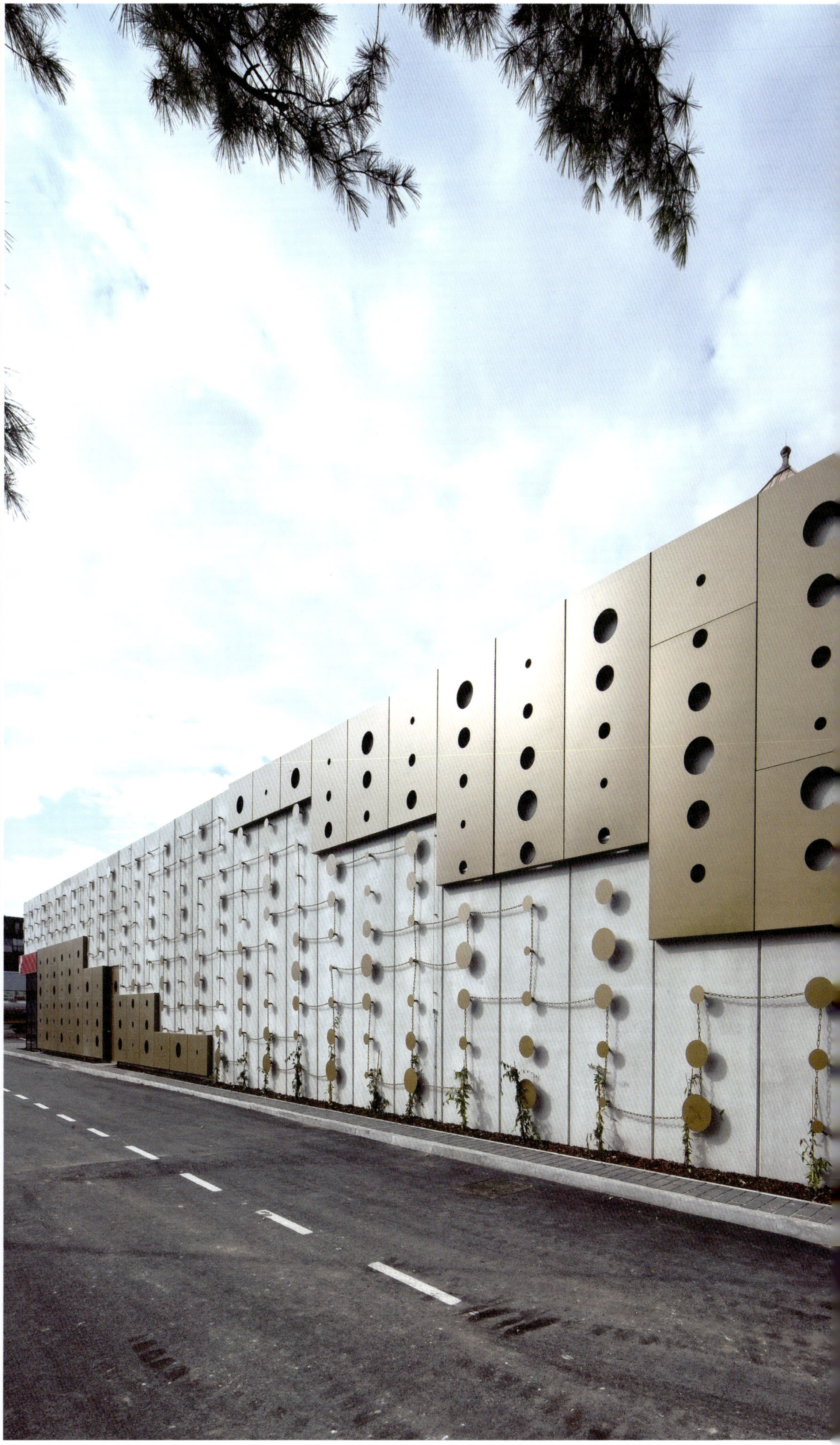

Hyllie Shopping Centre

项目名称：Hyllie购物中心
项目地址：瑞典，马尔默市
总 面 积：70,000 m^2
建筑设计：C. F. Møller建筑事务所
开 发 商：Steen & Strøm

项目总览

该项目的设计理念是建造一条形如蜿蜒河流的购物街。“河流”源自购物中心外的新车站，一直到西面的商场主入口处， 再穿过购物中心到其另一面的人工湖。总的设计理念为购物中心提供了一个清晰的布局方案，对空间也作了流畅的部署，给商场一个明确的定位。

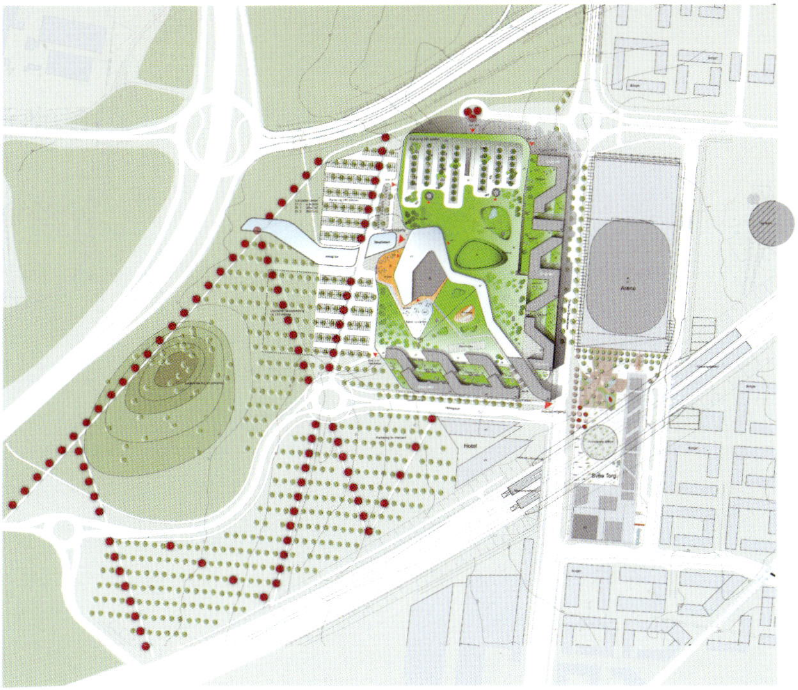

全景平面图

平面图

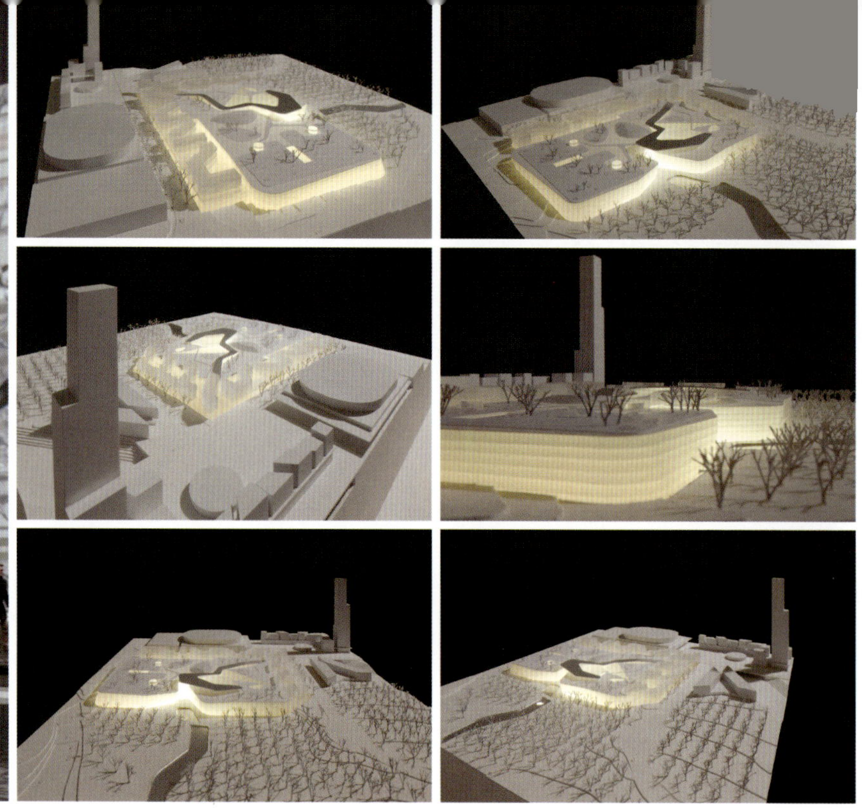

“河流”的设计理念是通过内部商业街的装饰体现出来的，由丹麦艺术家Erik Frandsen设计而成。其中镜面钢及其提升的弯曲底面形成一面哈哈镜，从不同角度折射出建筑内部的特色，增强了购物中心设计上的视觉效果。

平面分析图

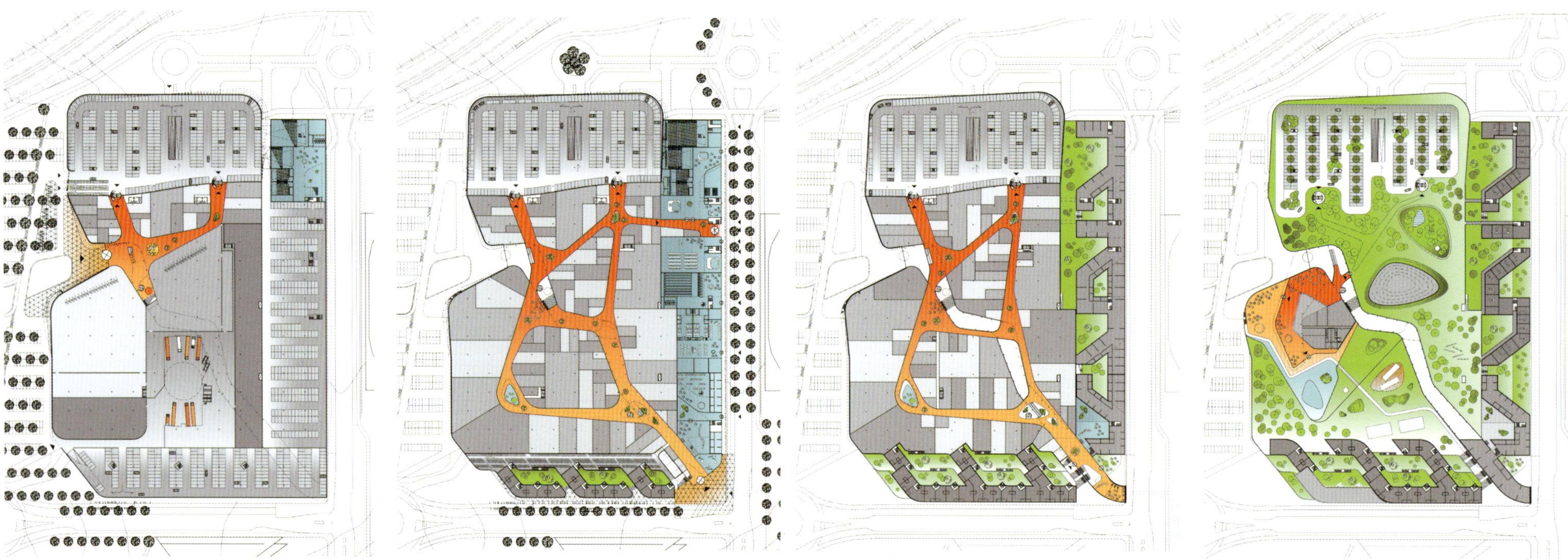

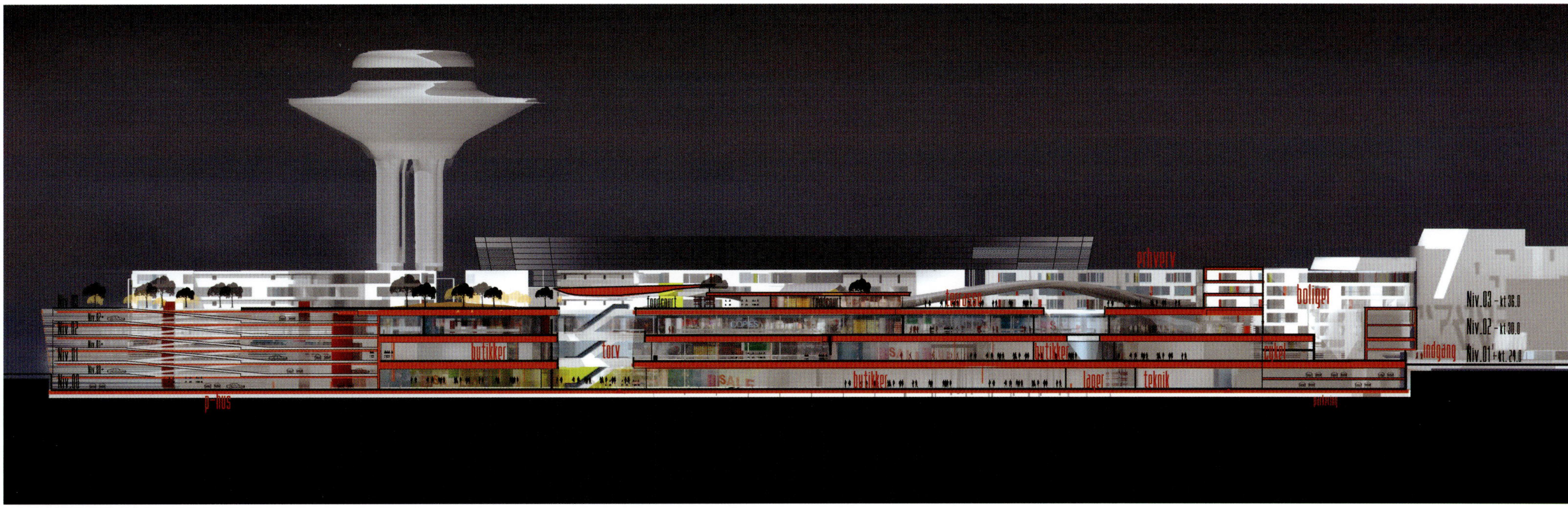

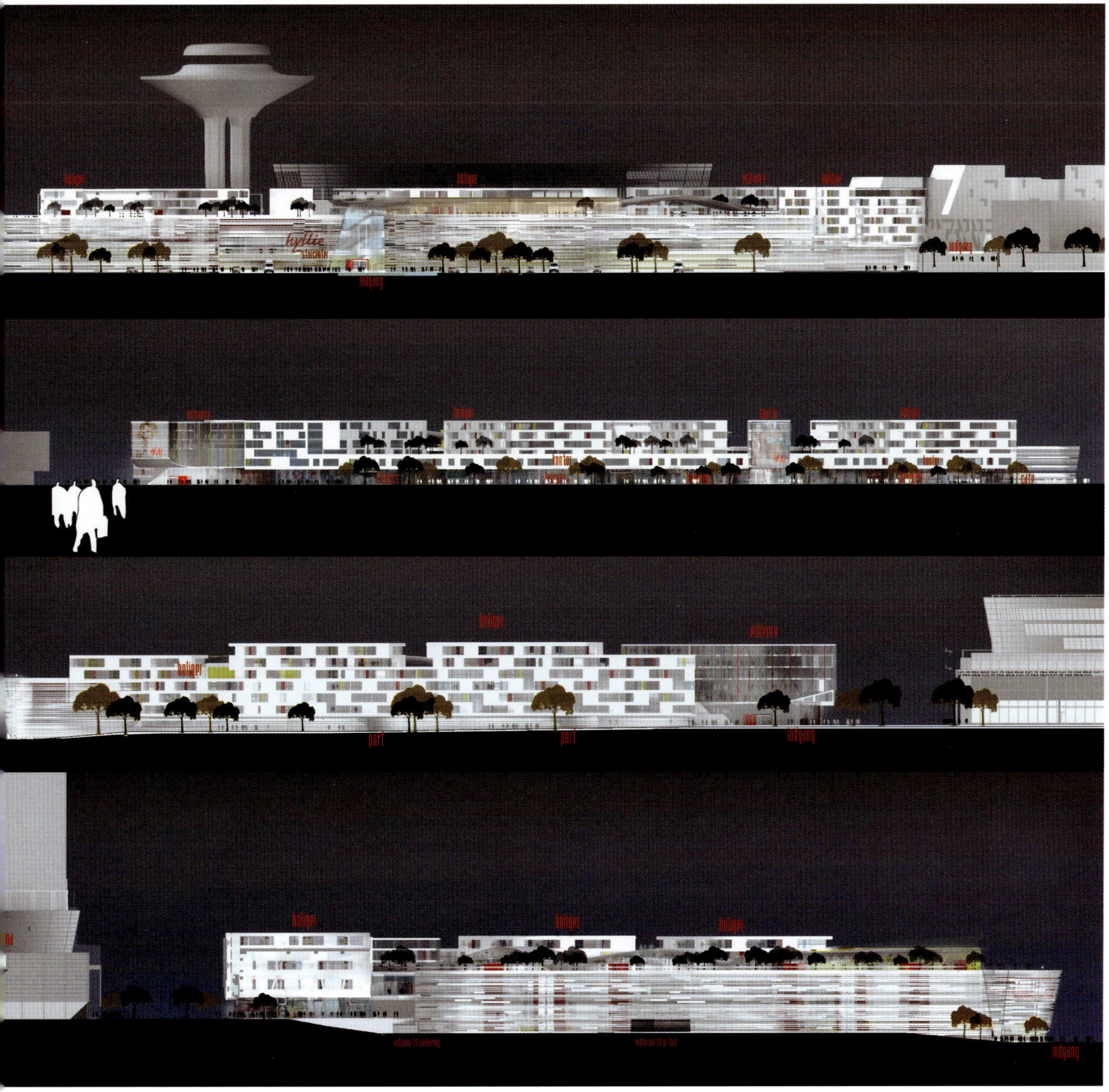

为了摆脱传统购物中心外部保守、内部简单的一面，新购物中心的主要空间与一系列的住房和办公发展用地相接壤，并巧妙地利用了庭院与天台花园的入口方位。

Alex Es
CHANCE

SUSHI
H&M
H&M

KOMM Shopping Centre

项目名称：KOMM购物中心

项目地址：德国，法兰克福

竣工时间：2009 年

总 面 积：44,150 m^2

建筑设计：ATP N+M Architects and Engineers

开 发 商：HOCHTIEF Projektentwicklung

摄 影 师：Jean-Luc Valentin

项目总览

KOMM Shopping Centre 不仅仅是一栋建筑，也是城市的一个重要组成部分，代表着城市的一个要素。它不仅在Aliceplatz边缘创造了一个新的南部城市，还为几百米的街道和人行道注入了新的生命气息。

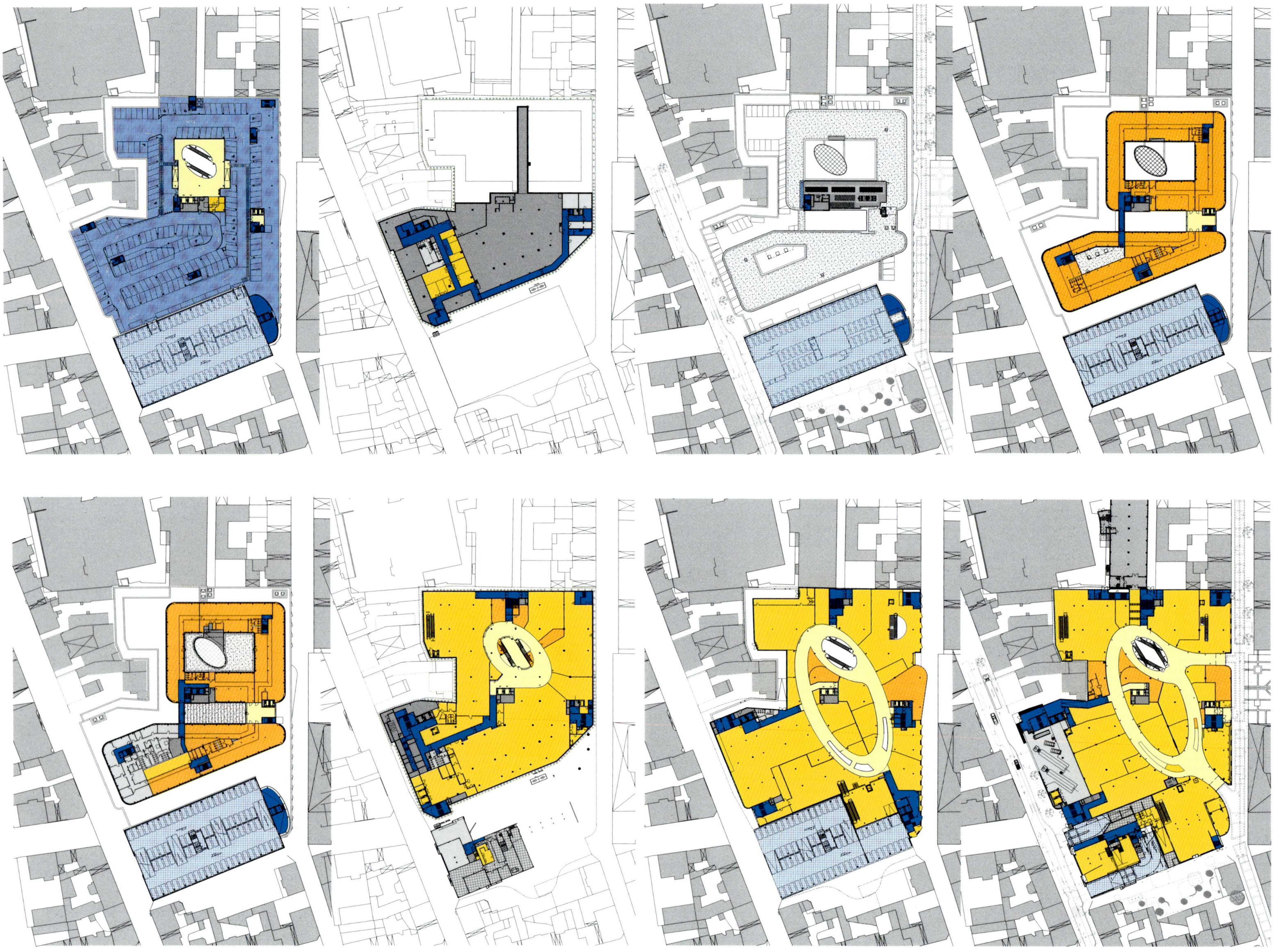

平面分析图

该项目的核心是创造出一个充满生机的和谐空间，并将轻松的氛围和城市干净的气息融入其中。该项目最主要的是设计师的“点睛”一笔——一个4层高的中庭，拥有不断变换的角度和复杂的戏剧性空间结构。材料的选择以光线和暖色调为主，加上周边人行道的风景，共同构成了这个城市复杂和谐的一角。

O2

JACK & JONES
VERO MODA

KOMM 力求成为奥芬巴赫市中心的一块磁铁。建筑外部装饰的天然石和玻璃使其看起来充满现代感，不仅与周围的城市景观融为一体，还为其增色不少。购物与服务中心，连同停车场（约625个车位）直接与步行街相连。7层的建筑包括2层商场、1层停车场及2层悬浮层。这个椭圆形的商场十分宽广，设有2个入口。除了作为城市的一个重要组成因素，该项目的设计理念还确保使其真正融入城市之中。

SHOPPING PARADISE

Westfield Century City Shopping Center

项目名称：Westfield世纪城购物中心
项目地址：美国，加利福尼亚州，森楚里锡蒂
竣工时间：2009 年
总 面 积：7,804 m^2
建筑设计：Rios Clementi Hale Studios/Westfield Corporation
开 发 商：Westfield Group
摄 影 师：Tom Bonner

项目总览

Westfield 世纪城购物中心的重新设计体现了南加州正统的现代美感。这次的装修设计由来自洛杉矶的一所综合专业设计公司——Rios Clementi Hale Studios负责。重建工程用充满凝聚力的设计语言将商铺与公共空间连为一体，而这种理念正源于南加州现代化的户外生活方式。

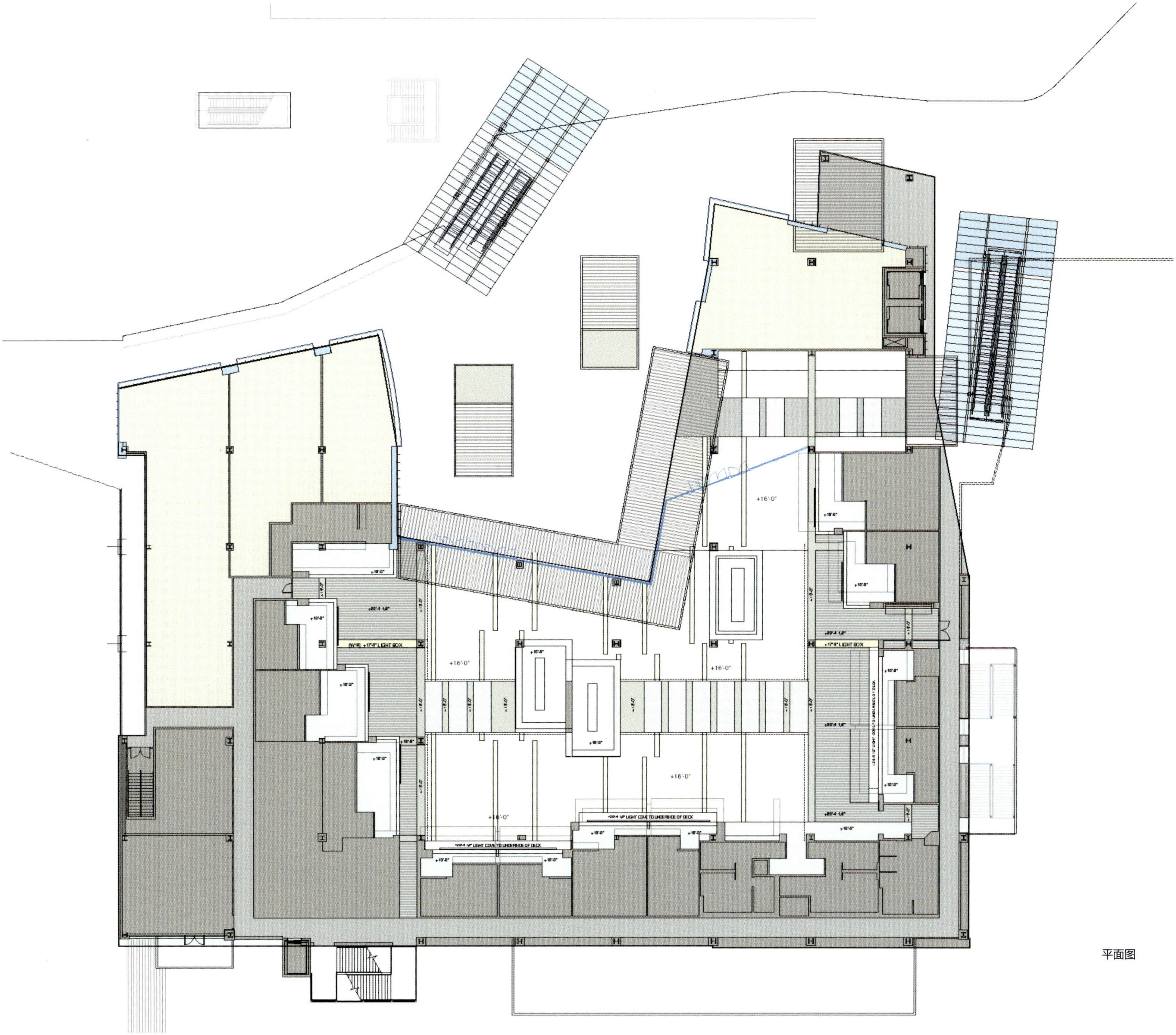

平面图

形式上的设计主张将内部和外部的用餐地区合并，以凸显世纪城优雅的风格，并丰富顾客的购物体验。多样化的座位安排，如客厅式的休息室、公用桌台及高脚桌等，为顾客提供了更多的选择。内部装有长排的木板，并一直向天花板和墙壁方向延伸，营造出温馨且高品质的用餐环境。

amc

amc

MGM
UNITED COLORS OF BENETTON

PAPYRUS

MGM

立面图

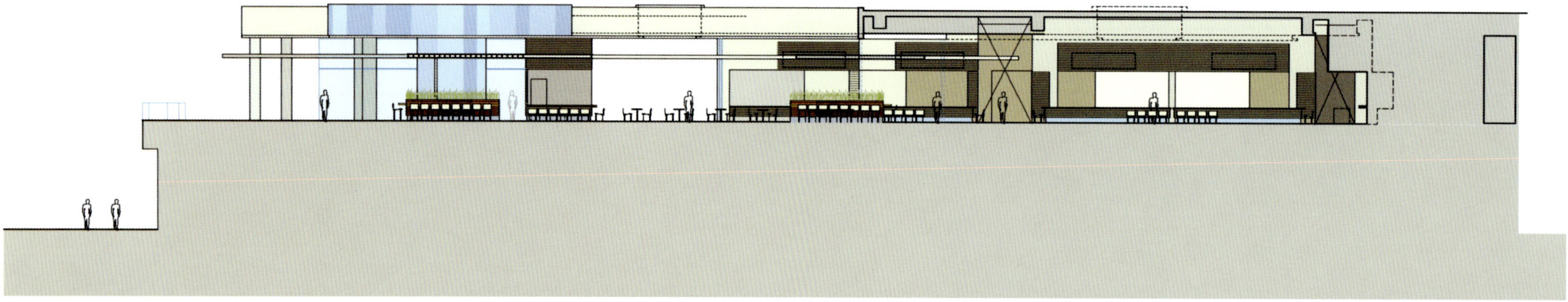

ROTISSERIE WORKS

Westfield

Toyosu Lalaport

项目名称：丰州Lalaport商场
项目地址：日本，东京
总 面 积：110,000 m^2
建筑设计：Laguarda Low Architects
开 发 商：Mitsui Fudosan

项目总览

丰州Lalaport商场是对位于东京湾历史悠久的IHI造船厂的开发与规划。此次的目标是建设一间生活购物中心，它拥有绝对的地理优势，东临晴海大街，西靠东京湾。除了现有的200间商铺，还将有琳琅满目的美食和其他各种娱乐休闲设施。

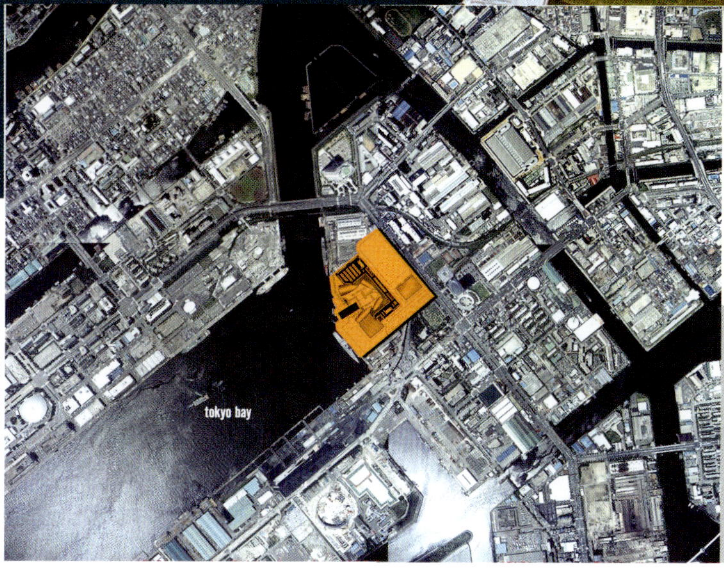
tokyo bay

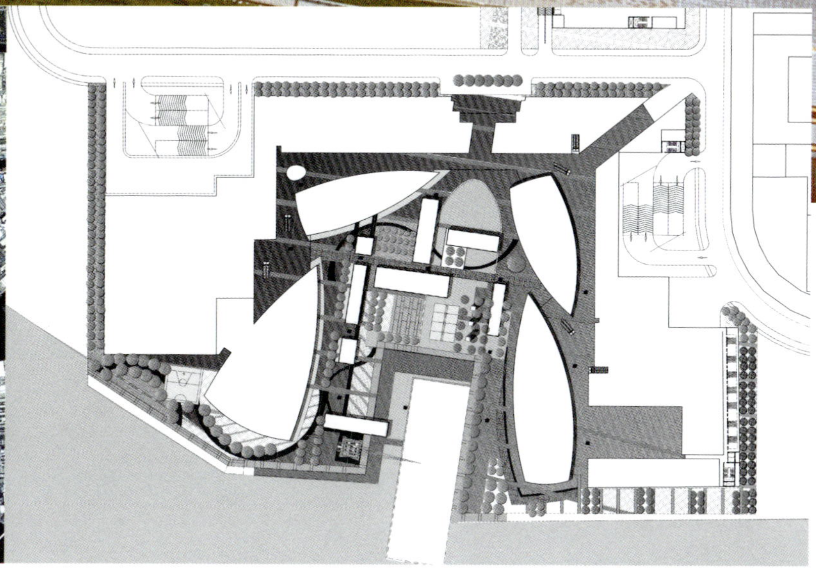

作为一个整体，此次规划立足于打造临水街景的设计理念之上，保留了码头和水上划船等海事元素，突显了工业建筑与大海景致完美结合的鲜明特征。

URBAN DOCK
LaLaport
TOYOSU
UNITED CINEMAS
40

URBAN DOCK
LaLaport
TOYOSU
UNITED CINEMAS

该设计分为两栋主楼。其中较大的是一间3层的购物中心，内部有4个轮船状的设计，使人联想到历史上造船厂内制造的各式各样的轮船。轮船造型的露天广场用强劲有力的线条勾勒出它的轮廓，这里设有小商铺，在逛街的同时可以尽情饱览港湾的壮丽风景。此外，该中心还配有3层停车场等其它基础设施。较小栋的建筑是一个2层的商场，同样也带有2层的屋顶停车场。

ship III
SOUTH PORT

cher puna

cher puna
Ventuna

8° Avenida

项目名称：8° Avenida购物中心
项目地址：葡萄牙，圣若昂 - 达马德拉
竣工时间：2008 年
总 面 积：28,700 m^2
建筑设计：Laguarda Low Architects
开 发 商：Sonae Sierra购物中心专业公司

项目总览

8° Avenida坐落于圣若昂 - 达马德拉小镇的山脚下，这个新的购物中心是该地区最大的一栋建筑。由于该建筑规模宏伟，设计师也颇具挑战性，既要建造一个令人震撼且人性化的建筑，又要彰显其现代、优雅的特点。

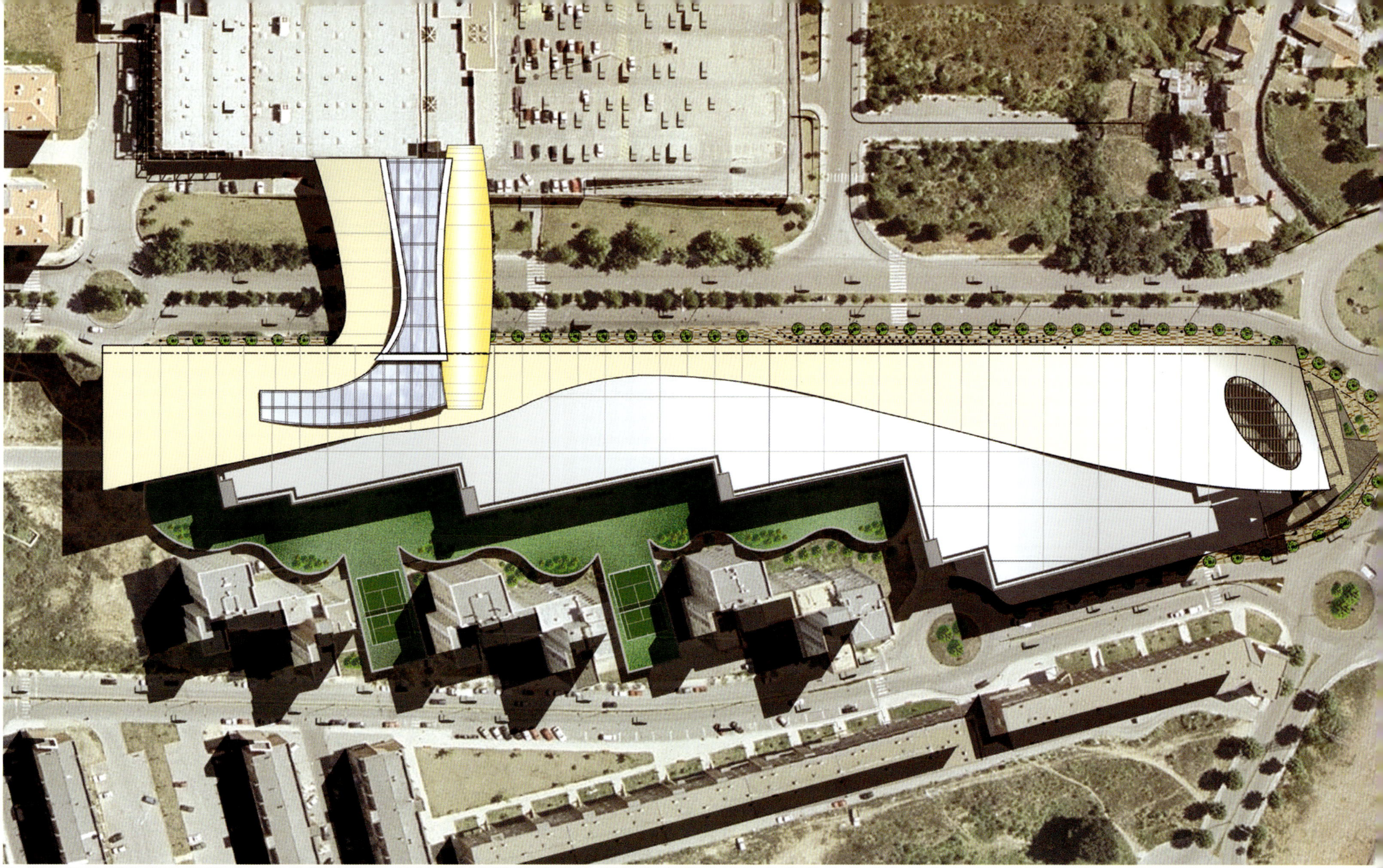

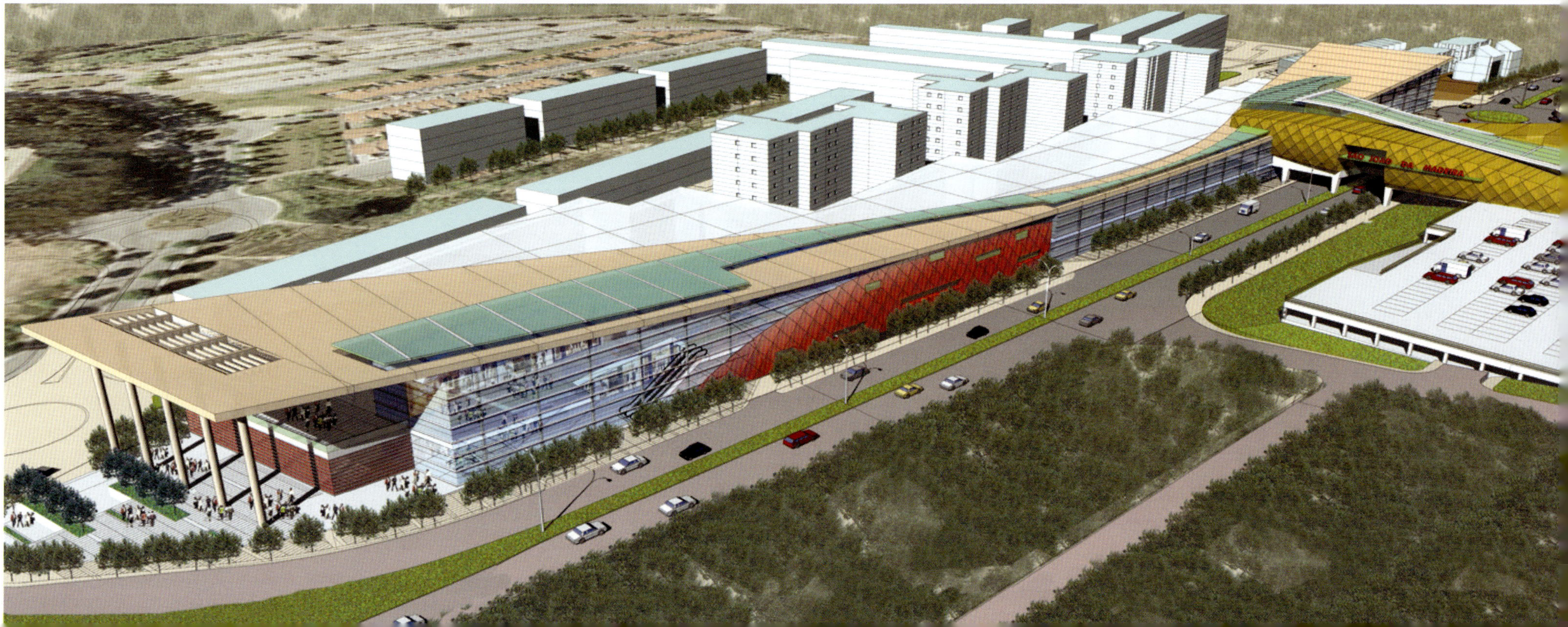

8ª AVENIDA

CASTELLO LOPES
CINEMAS

购物中心外是一条由东南至西北方向的人行道，南入口处还设有一个大型接待广场。大楼面向街道的一面是部分透明的，漫步的行人对商场内部的景致一目了然，购物的顾客也可以同时欣赏到城市的美景。南面的广场上，一系列由景观石堆砌而成的露台和楼梯形成一个宽阔的入口，与二楼的室外美食广场相连接。顾客可以通过这个入口或一层的入口进入商场。其中，外部的巨型“顶棚”在遮蔽露台的同时也为该项目创造了新的视觉亮点。

天桥将超市与商场的二层相连，当然，它必须融入建筑成为其中的一部分，而非多余的装饰。源于中世纪桥梁的设计理念，8° Avenida的天桥还设有一些小型商铺，具有双重的负重能力。于是，天桥不仅仅是一个人行通道，更是人们的购物场所，甚至是顾客驻足俯瞰小镇的落脚点。

8 AVENIDA
8

LA
VISUAL
CALZEDONIA

VISUAL

8ª AVENIDA

Al Wahda Mall

项目名称：Al Wahda商场
项目地址：阿布扎比，阿拉伯联合酋长国
总 面 积：138,301 m^2
建筑设计：Khatib & Alami工程咨询公司

项目总览

Al Wahda Mall是一间购物中心，分为地下1层和地上3层。与其相连的是一个9层的大型停车场，总面积达60,257m^2。

平面图 -1

平面图 -2

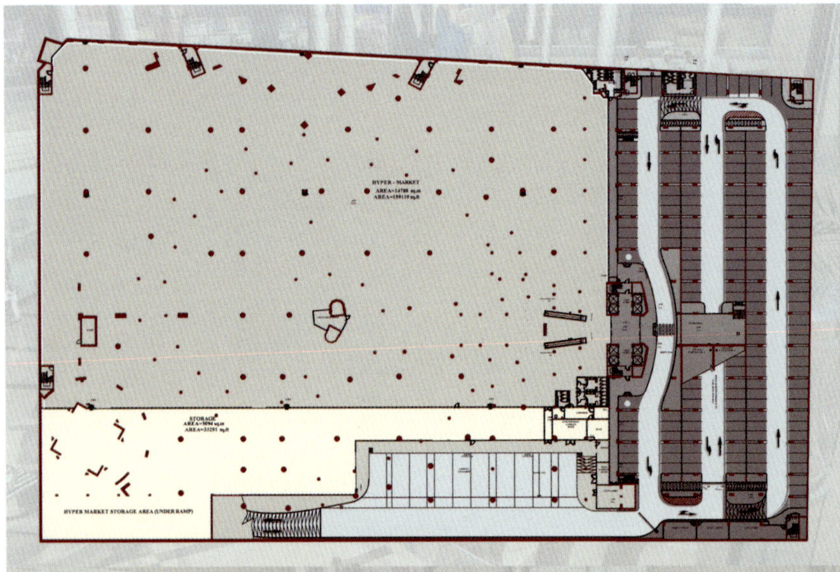

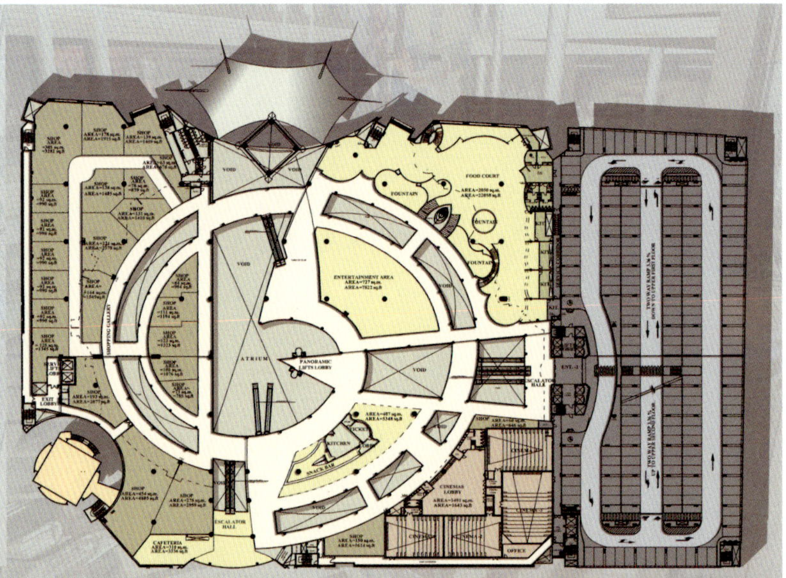

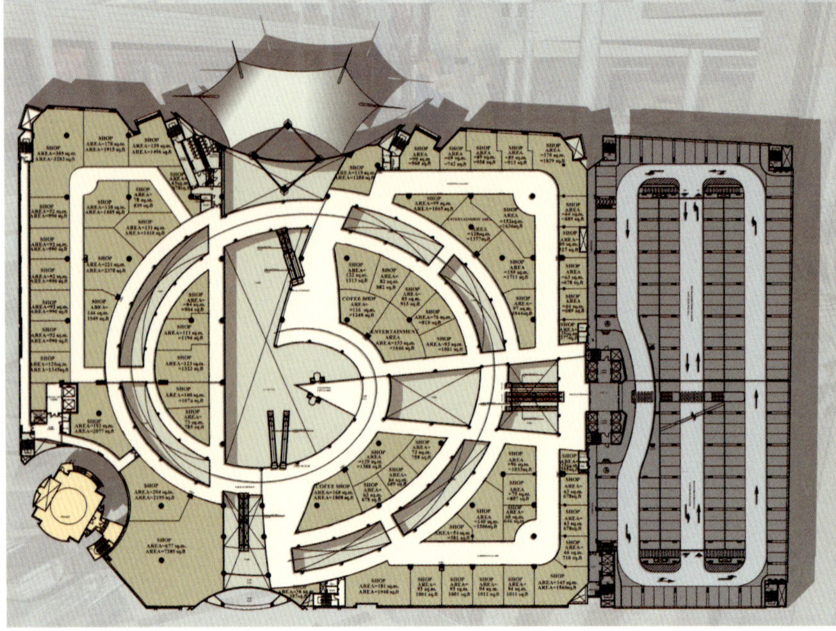

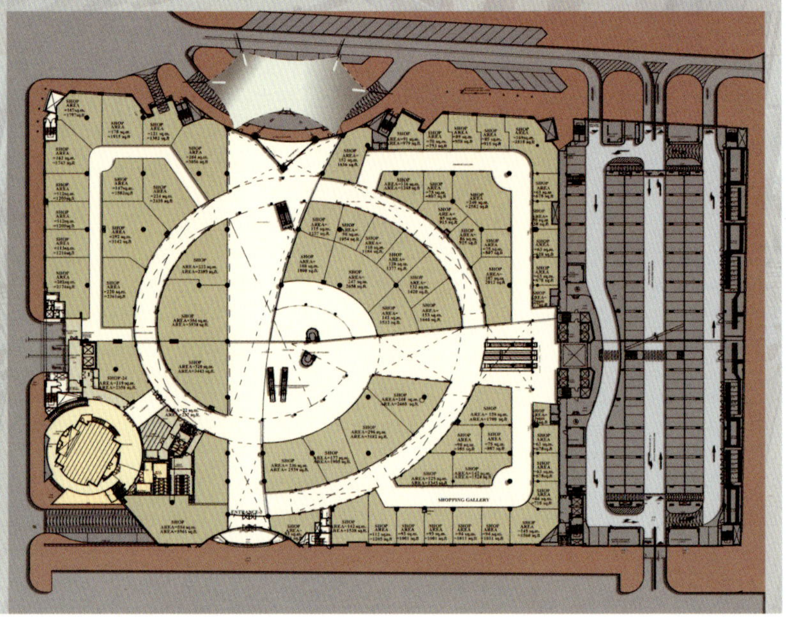

平面图 -3

平面图 -4

Call
India
99
5pm-9am
Call
Pakistan
99

Al Wahda Mall

Al Wahda Mall

Al Wahda Mall

立面图 -1

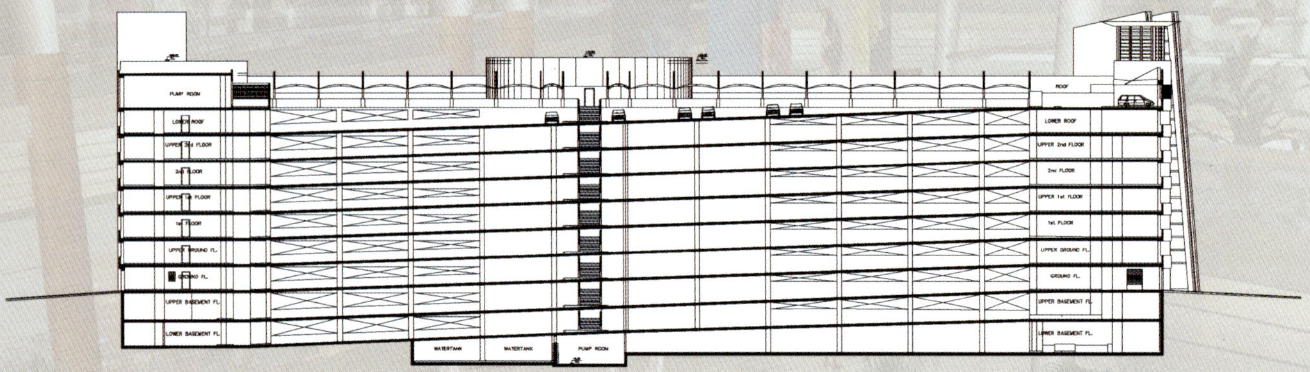

立面图 -2

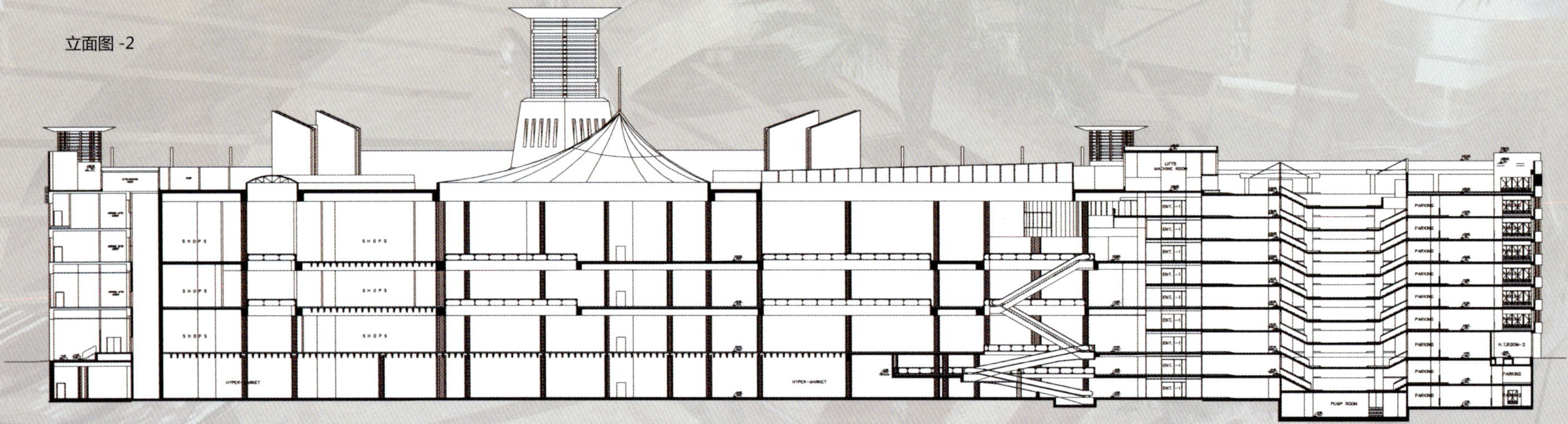

ستاربكس كافيه
damas
داماس

axiom
Al Wahda Mall
GIORDANO
MORELLI'S
World's Greatest Circuits

Al Wahda Mall

upgrade to speciali
Lucie

Making
Brands
larger than
Life

When you want big results
SYNAXISMEDIA
+971 2 403 7888
synaxis-media.com
Magnifying Brand Visibility
SPRINGFIELD
SPRINGFIELD

Crystals at CityCenter

项目名称：城中城水晶商场
项目地址：美国，内华达州，拉斯维加斯
竣工时间：2009 年
总 面 积：46,452 m^2
建筑设计：Adamson Associates Architects
开 发 商：MGM MIRAGE
室内设计：Rockwell Group
灯光设计：Focus Lighting

项目总览

位于拉斯维加斯大道中心的Crystals是购物娱乐中心，与MGM MIRAGE 城中城项目相连。城中城是一个摩天城，内有2,400间私人住宅，2家精品酒店和1间61层高的著名赌场。

TOM FORD
LOUIS VUITTON

TOM FORD

站在镀以金属、闪若水晶的建筑面前，游人顾客不禁叹为观止：Crystals绝非传统意义的商场。穿过Strip，你会被螺旋状的吊顶所吸引，一步步被带入商场内部。从内部看，屋顶的角度和天窗具有戏剧性的效果，成为这一集奢侈品与餐饮为一体的商场的背景画面。众多世界顶级品牌汇集于此， Louis Vuitton ，TIFFANY & Co.，Bulgari等等，Wolfgang Puck，Todd English等概念餐厅也在此落脚。在这里，人们可以体验丰富多彩的都市建筑风：入口处的水池景观，咖啡厅以及直接通向拱廊背部赌场的华丽阶梯，使整个空间熠熠生辉。

TIFFANY & CO.
TOM FORD

立面图

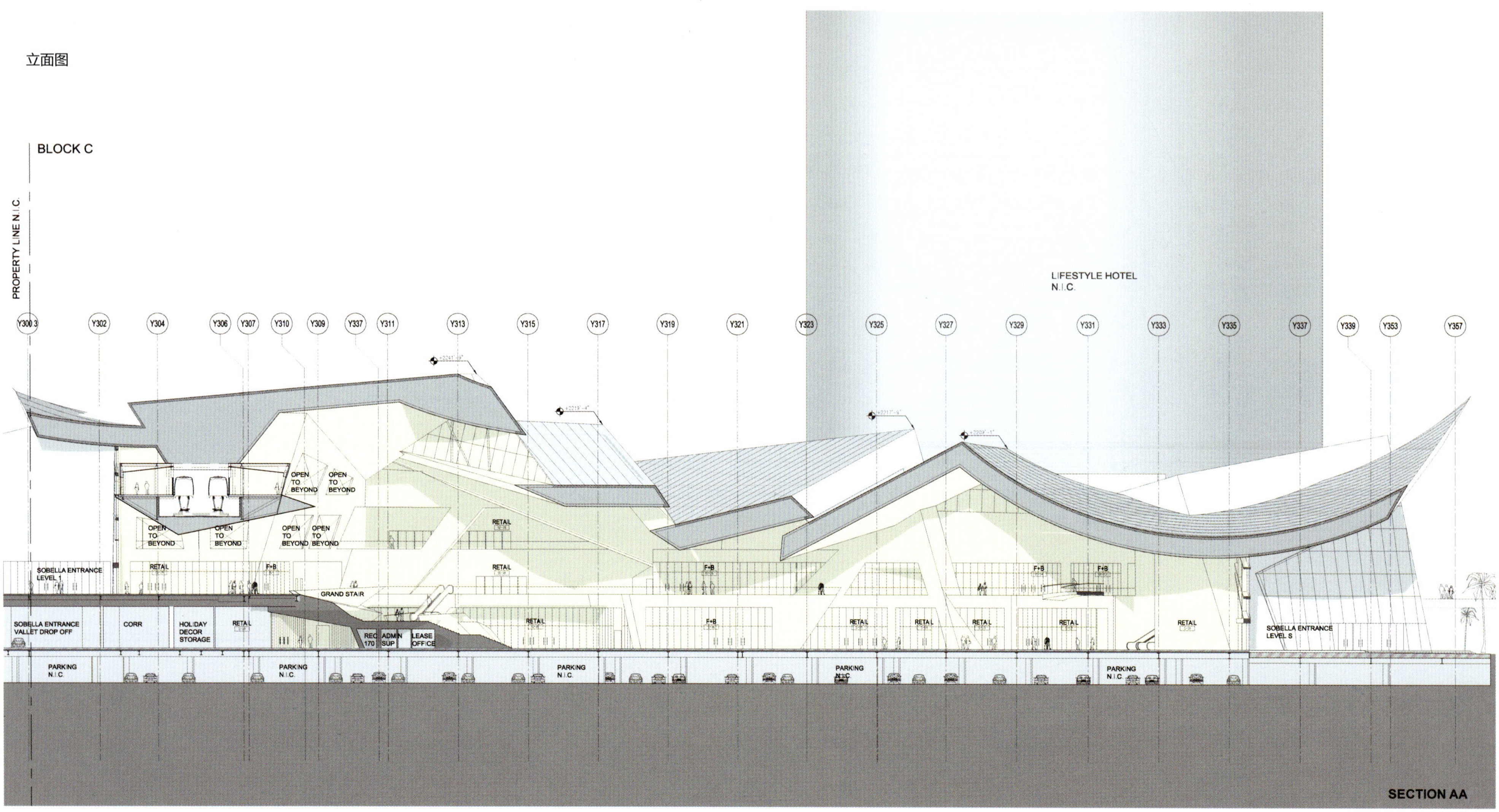
BLOCK C
PROPERTY LINE N.I.C.
LIFESTYLE HOTEL
N.I.C.
Y300.3
Y302
Y304
Y306
Y307
Y310
Y309
Y337
Y311
Y313
Y315
Y317
Y319
Y321
Y323
Y325
Y327
Y329
Y331
Y333
Y335
Y337
Y339
Y353
Y357
OPEN TO BEYOND
RETAIL
F+B
SOBELLA ENTRANCE LEVEL 1
GRAND STAIR
SOBELLA ENTRANCE VALLET DROP OFF
CORR
HOLIDAY DECOR STORAGE
REC 170
ADMIN SUP
LEASE OFFICE
SOBELLA ENTRANCE LEVEL S
PARKING N.I.C.
SECTION AA

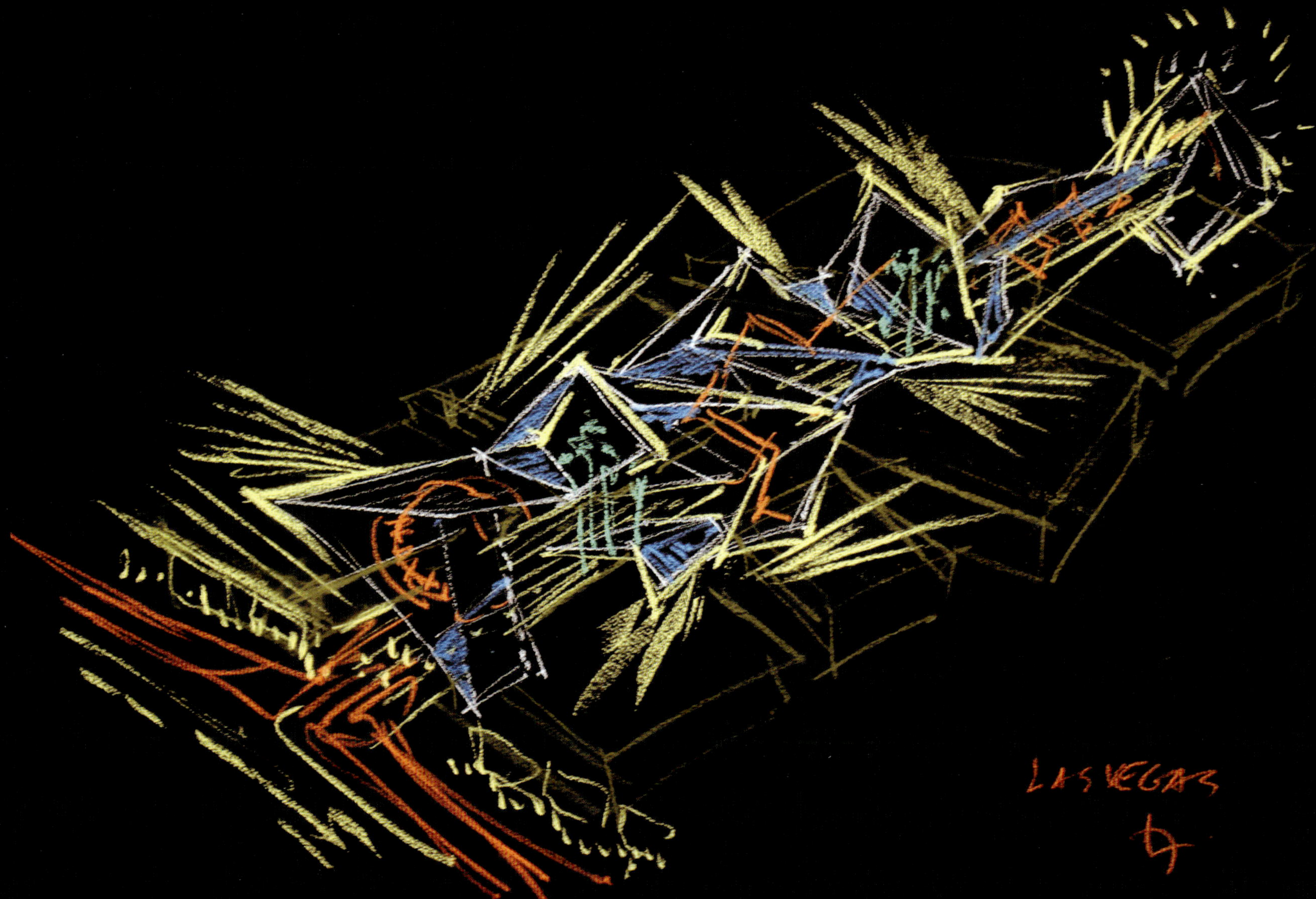
LAS VEGAS

LAS VEGAS

Crystals的设计和建筑中，皆采用最环保的方式和材料，体现出极为强烈的环保意识。

LOUIS VUITTON
LOUIS VUITTON
BVLGARI
H

LOUIS VUITTON
LOUIS VUITTON

LOUIS VUITTON
LOUIS VUITTON

Mozo Wondercity

项目名称：Mozo Wondercity 广场
项目地址：日本，名古屋市
开业时间：2009 年
总 面 积：98,296 m^2
建筑设计：Klein Dytham architecture / D-Brain Institute
开 发 商：Mitsubishi Corporation / AEON MALL Co., Ltd.
灯光设计：D-Brain Institute

项目总览

Mozo Wondercity是名古屋最大的一间购物中心，它为郊区的人们提供了最新的城市潮流信息。

Meitetsu Inuyama Line
Movie Theater
Multi-Level Parking
mozo
WONDER CITY
平田橋
山田西IC
Kami-Otai Station
上小田井
上小田井
National Highway 302
小田井
Otai Staition
okai Koutsu Jigyou Jyouhoku Line
交通事業城北線
Inuyama
Ichinomiya-Kisogawa IC
Komaki-Higashi IC
Ichinomiya
Komaki IC
Gifuhashima IC
Ichinomiya IC
Kasugai IC
Kusunoki IC
Tsushima
Nagoya
Nagoya-Nishi IC
Kanie IC
Yatomi IC
Kanie
Nagoya IC
Kuwana IC
Kuwana
Asuka IC

AEON MALL
mozo
UNIQLO
ZARA

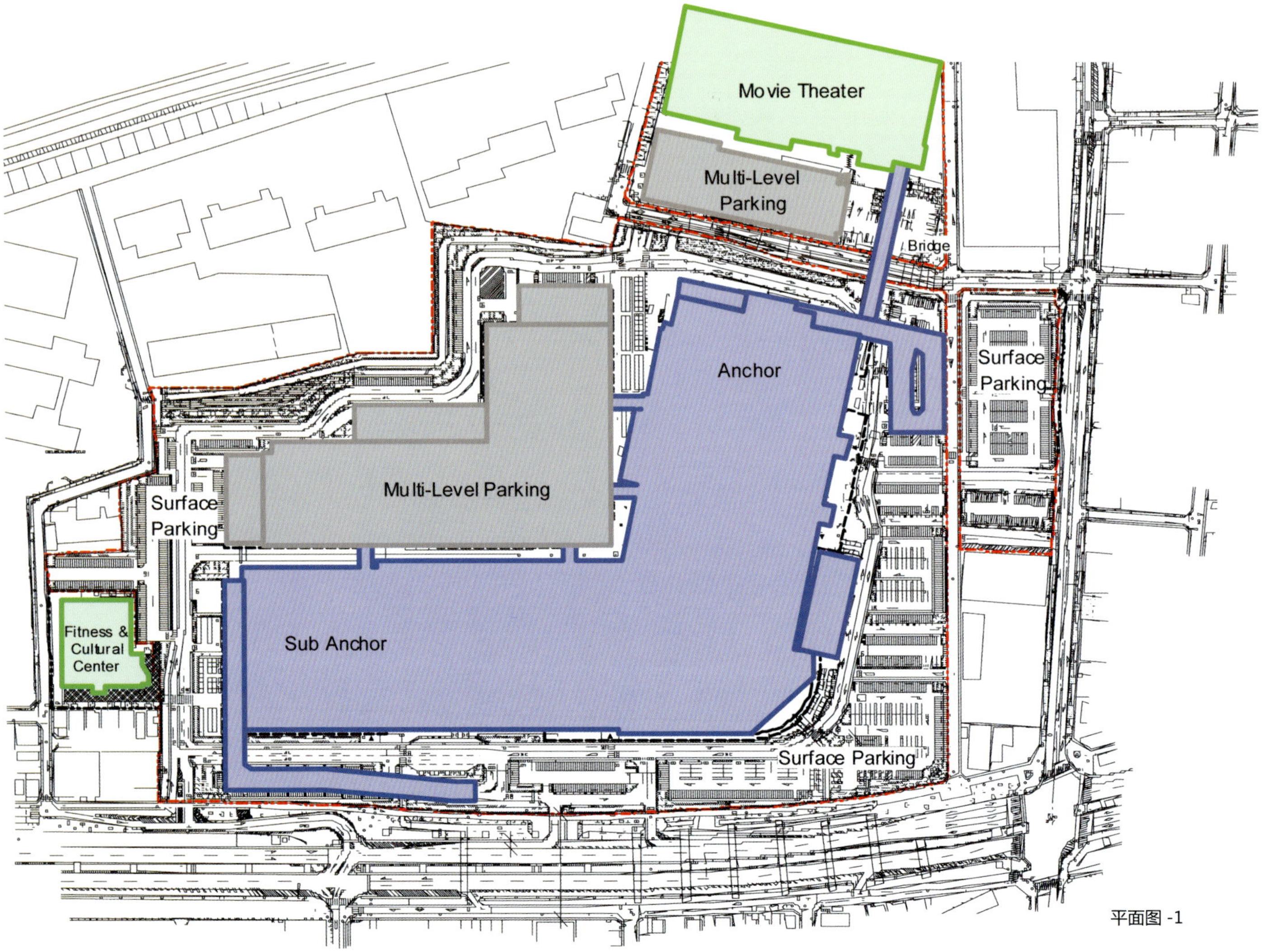
Movie Theater
Multi-Level Parking
Bridge
Anchor
Surface Parking
Multi-Level Parking
Surface Parking
Fitness & Cultural Center
Sub Anchor
Surface Parking

平面图 -1

mozo
WONDER CITY
ÆON MALL
JUSCO
イオン銀行
ÆON

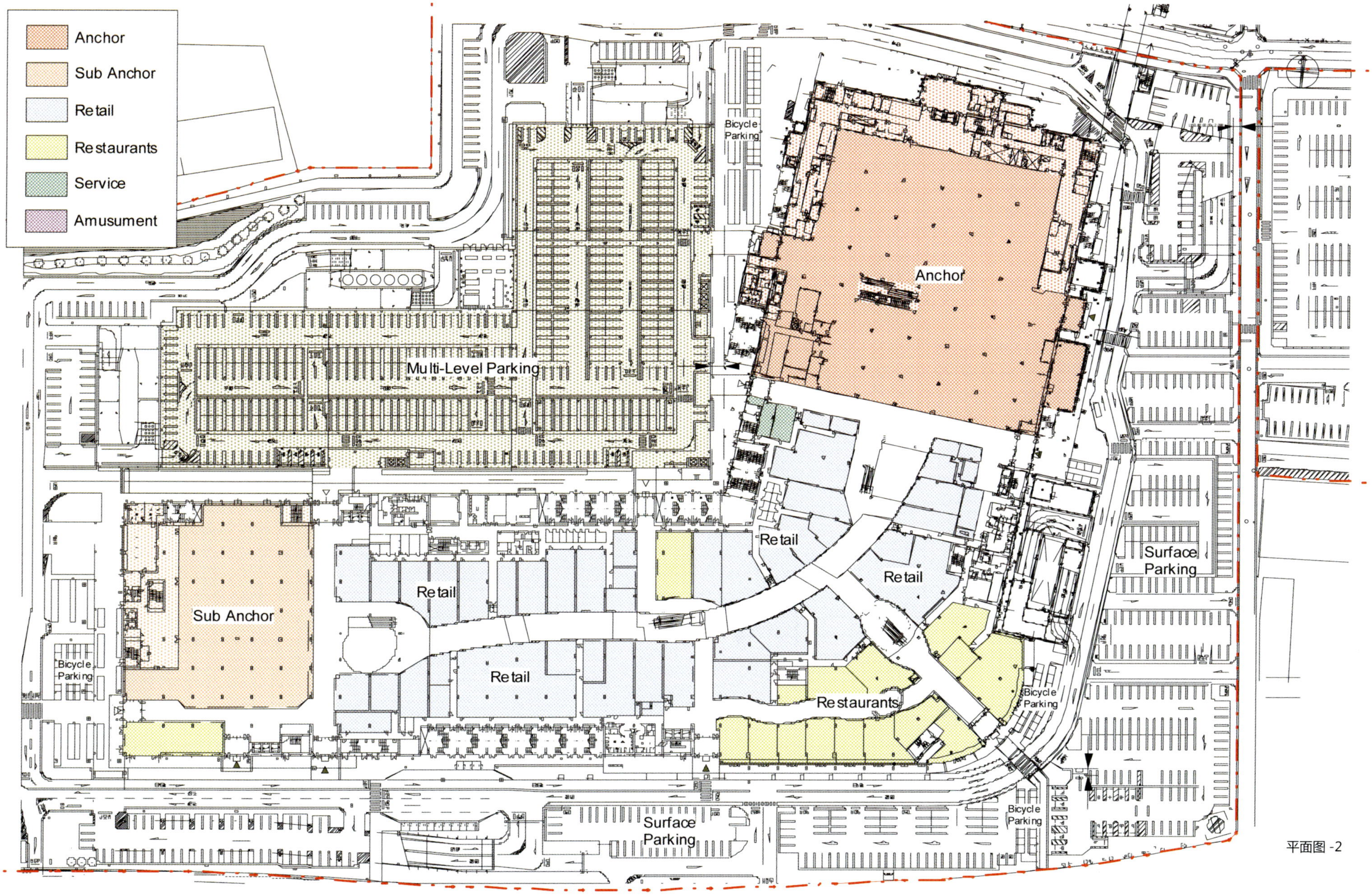
Anchor
Sub Anchor
Retail
Restaurants
Service
Amusument
Bicycle Parking
Anchor
Multi-Level Parking
Retail
Retail
Retail
Sub Anchor
Retail
Surface Parking
Restaurants
Bicycle Parking
Bicycle Parking
Bicycle Parking
Surface Parking

平面图 -2

平面图 -3

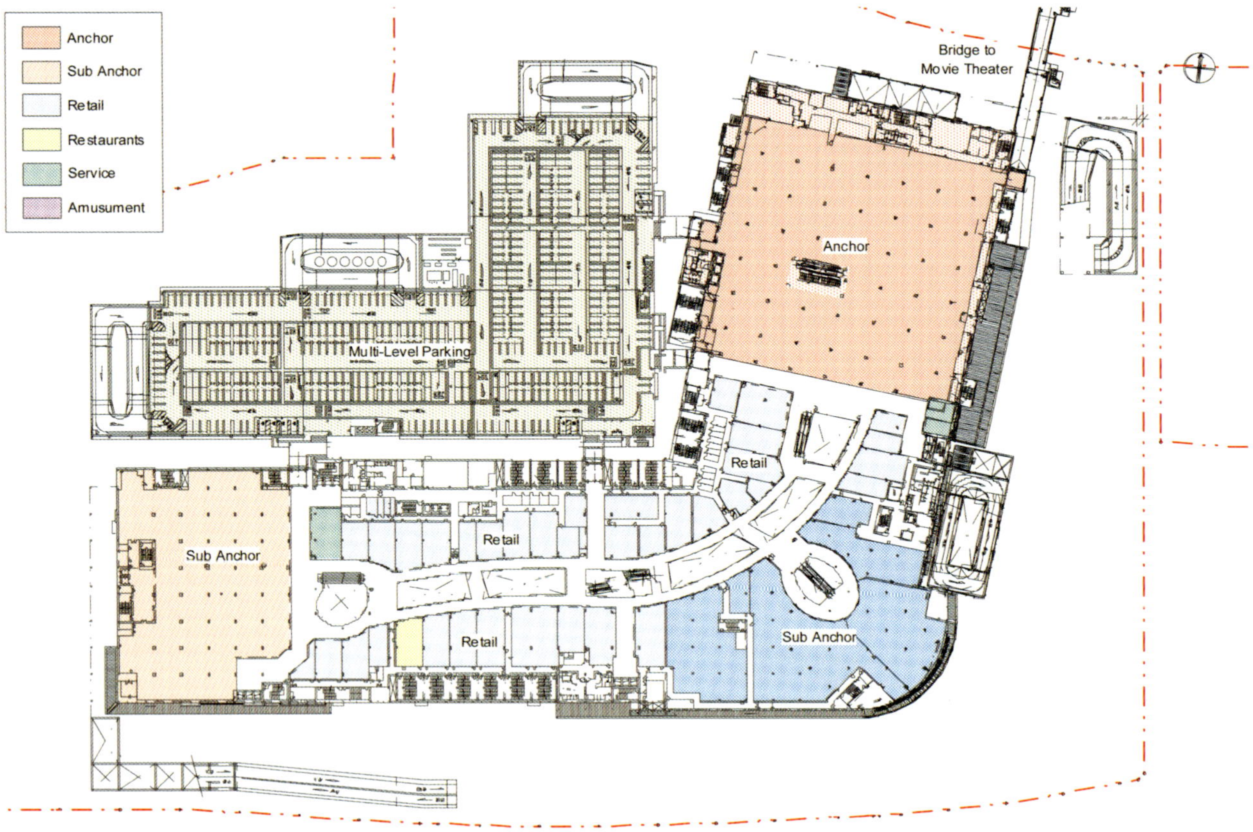
Anchor
Sub Anchor
Retail
Restaurants
Service
Amusument
Bridge to
Movie Theater
Anchor
Multi-Level Parking
Retail
Retail
Sub Anchor
Retail
Sub Anchor

平面图 -4

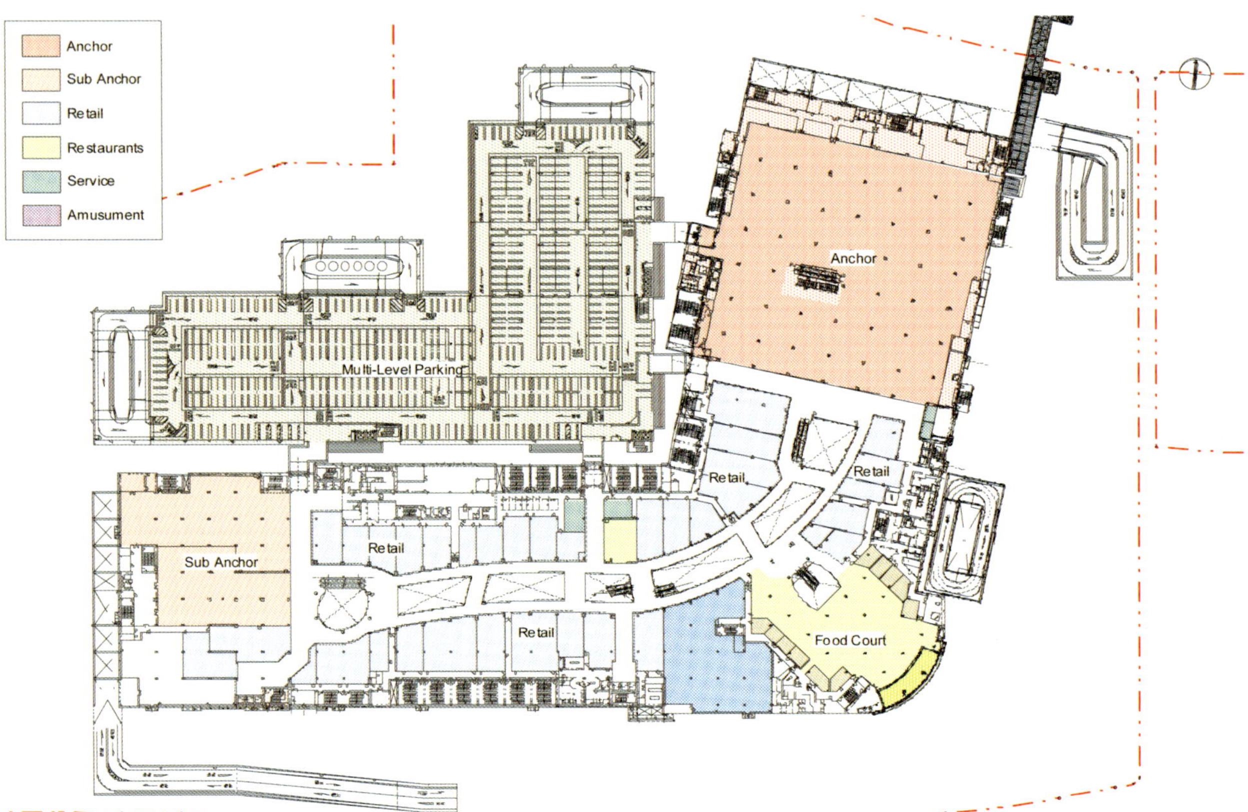
Anchor
Sub Anchor
Retail
Restaurants
Service
Amusument
Anchor
Multi-Level Parking
Retail
Retail
Retail
Sub Anchor
Retail
Food Court

AEON MALL
JUSCO
わくわく
ポイント2倍
地域の環境保全活動として
レジ袋の削減に取組んでおります
食品売場での
レジ袋無料配布は致しません。

平面图 -5

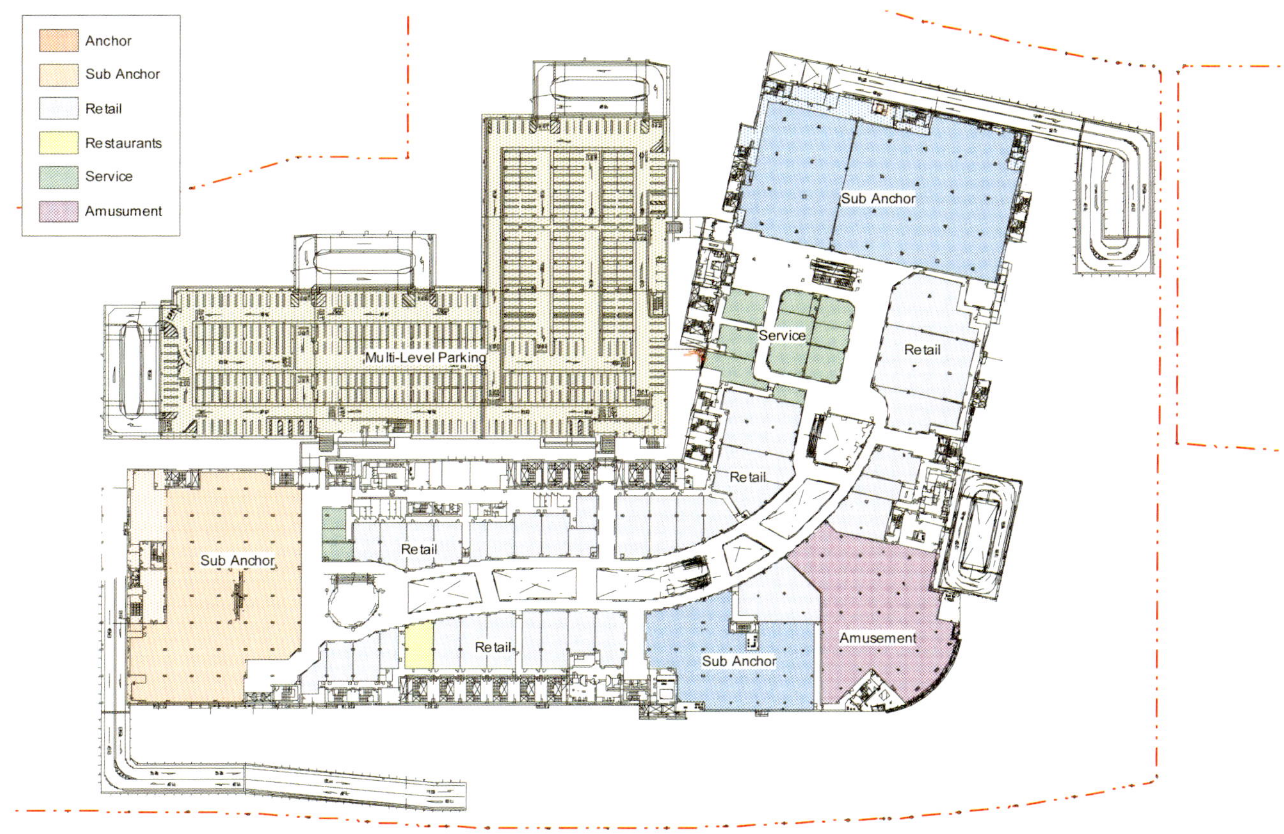
Anchor
Sub Anchor
Retail
Restaurants
Service
Amusument
Sub Anchor
Multi-Level Parking
Service
Retail
Retail
Sub Anchor
Retail
Retail
Amusement
Sub Anchor

平面图 -6

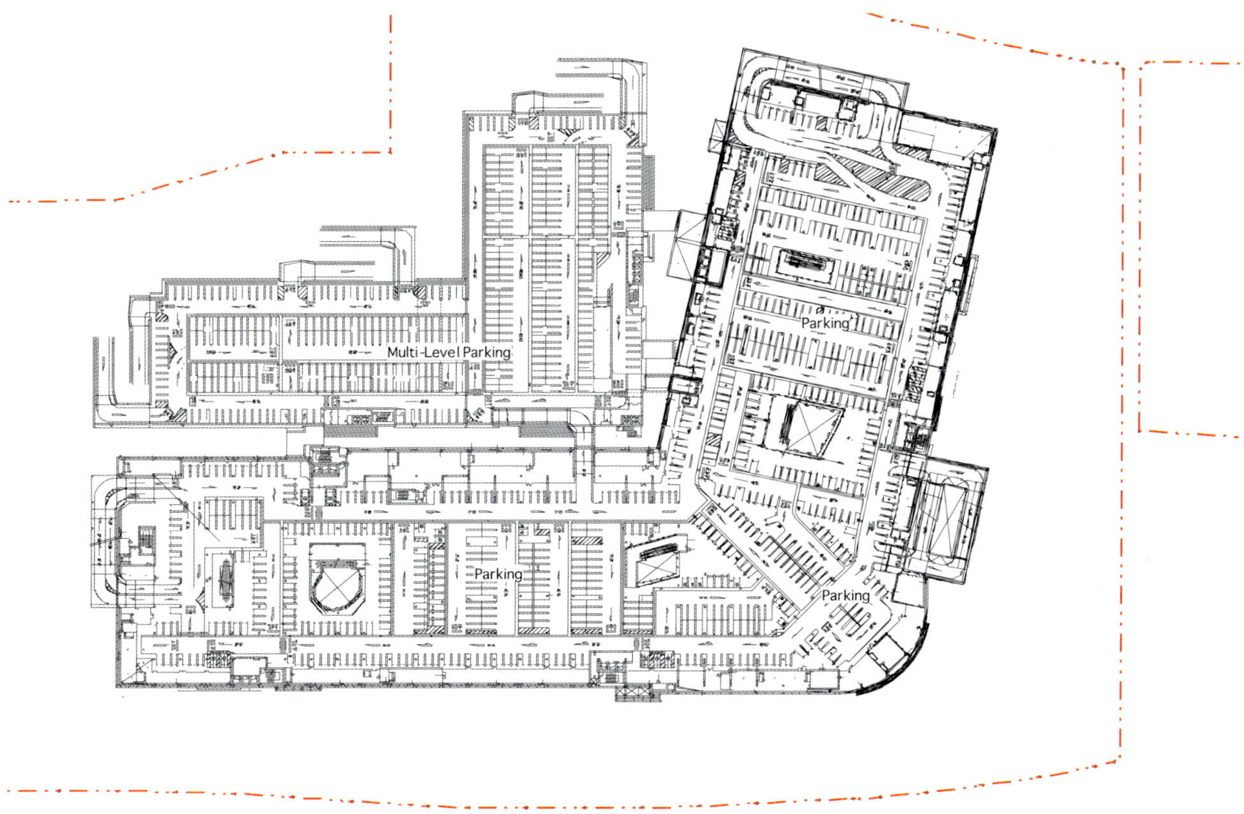
Multi-Level Parking
Parking
Parking
Parking

平面图 -7

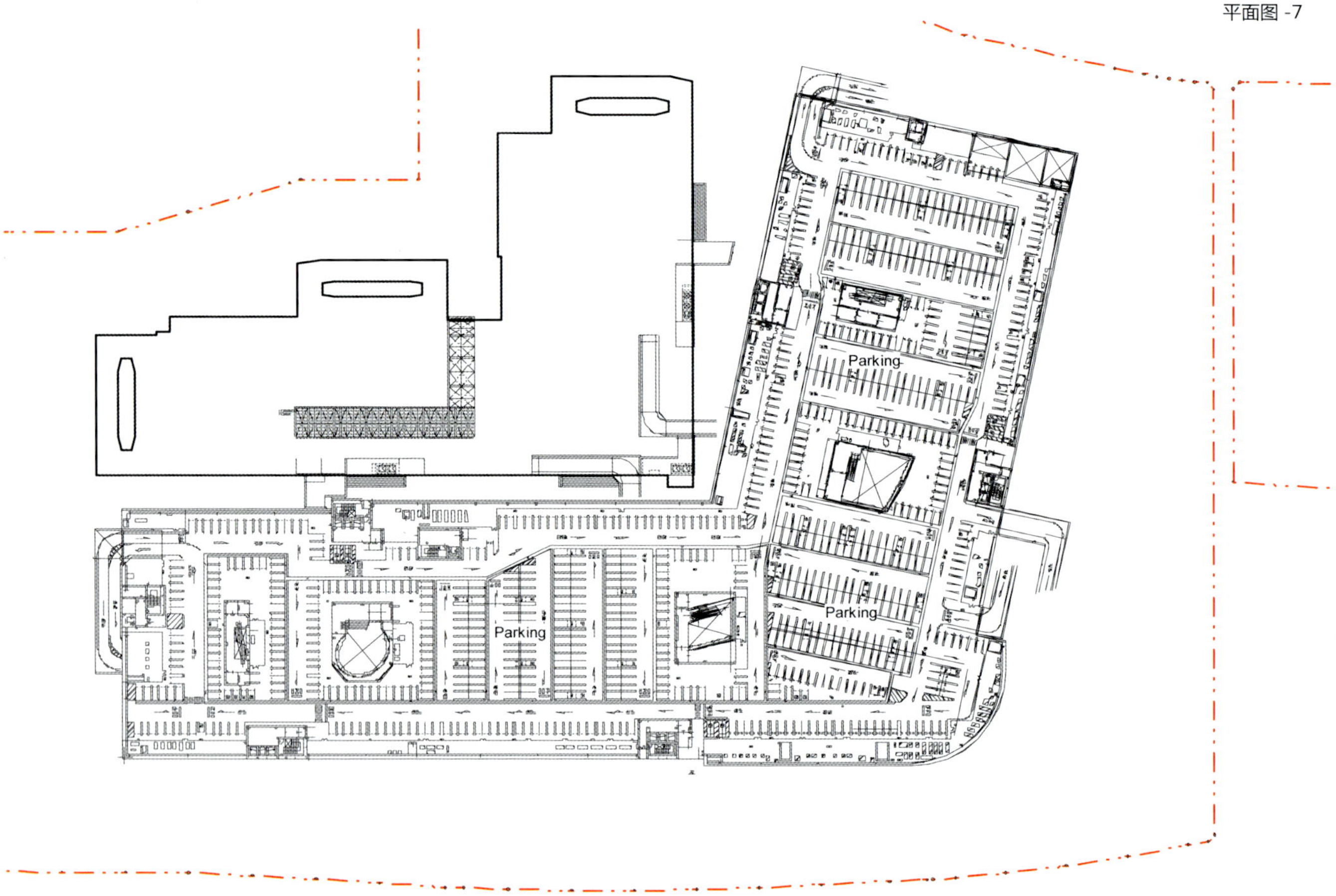
Parking
Parking
Parking

平面图 -8

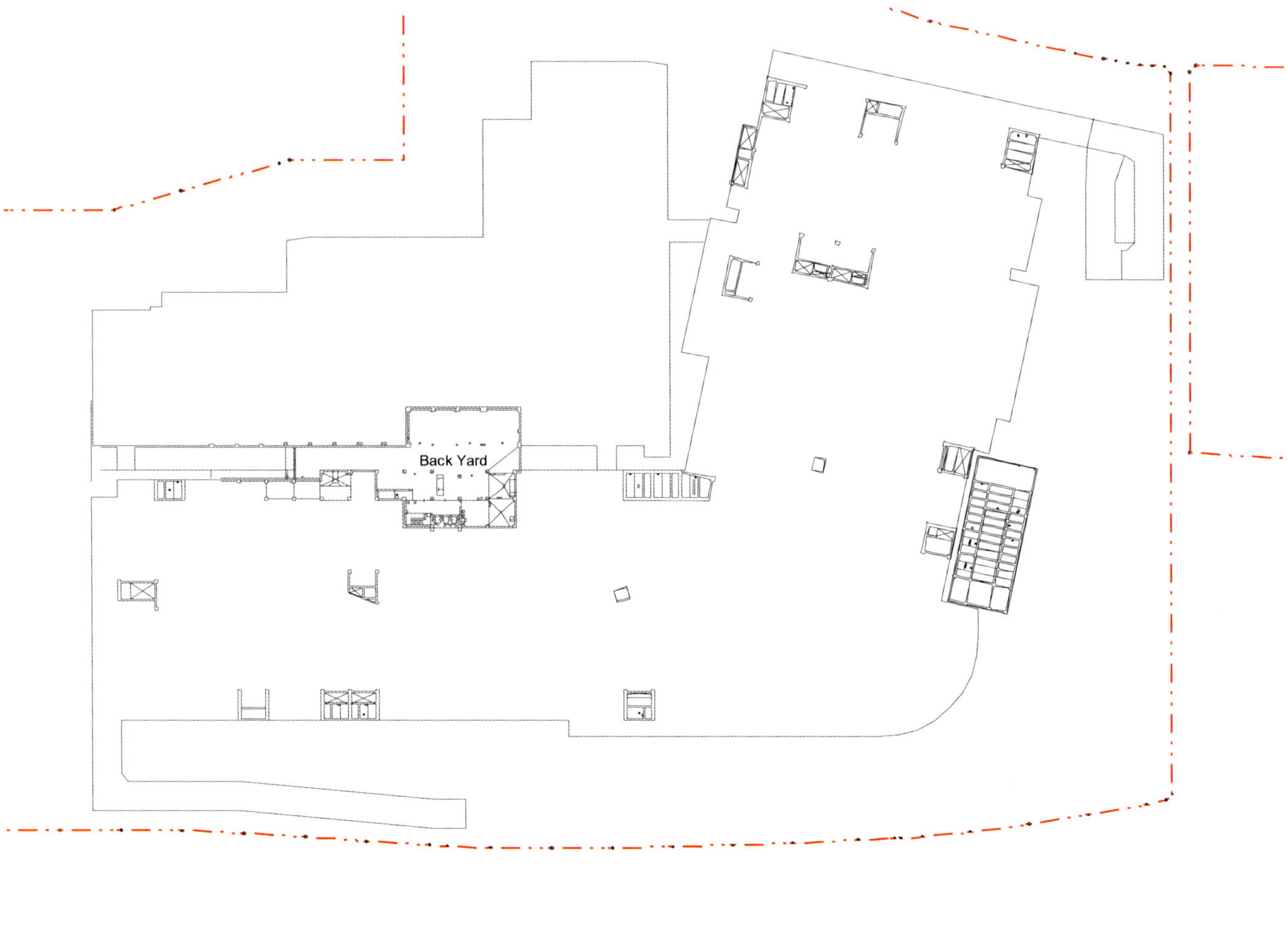
Back Yard

AEON MALL
VIVRE
UNIQLO

mozo

该中心的建筑外表采用了醒目的绿色，与周边的高速公路和高层塔楼形成了强烈的色彩对比。Mozo Wondercity共分4层，提供有230间商铺，其中日本最大的百货零售品牌JUSCO也即将进驻。该中心的设计还结合最新科技，减少了20%的CO^2排放量，以解决日本人口老龄化所带来的问题，具有前瞻性。

MOGU
MOGMOG

DRAGON
CREPE

mogu
VICEVERSA

Pizzeria MARINO

ZARA
ZARA
ZARA

3F
2F
1F
mozo

Aeon Mall Kashihara ARURU

项目名称：Aeon Mall Kashihara Aruru 购物中心
项目地址：日本，奈良县，橿原市
竣工时间：2008 年
总 面 积：112,000 m^2
建筑设计：D-Brain Institute
开 发 商：AEON MALL Co., Ltd.
灯光设计：D-Brain Institute

项目总览

ARURU是日本奈良县最大的一间购物中心，距离日本文明的摇篮——大阪只有1小时的车程。

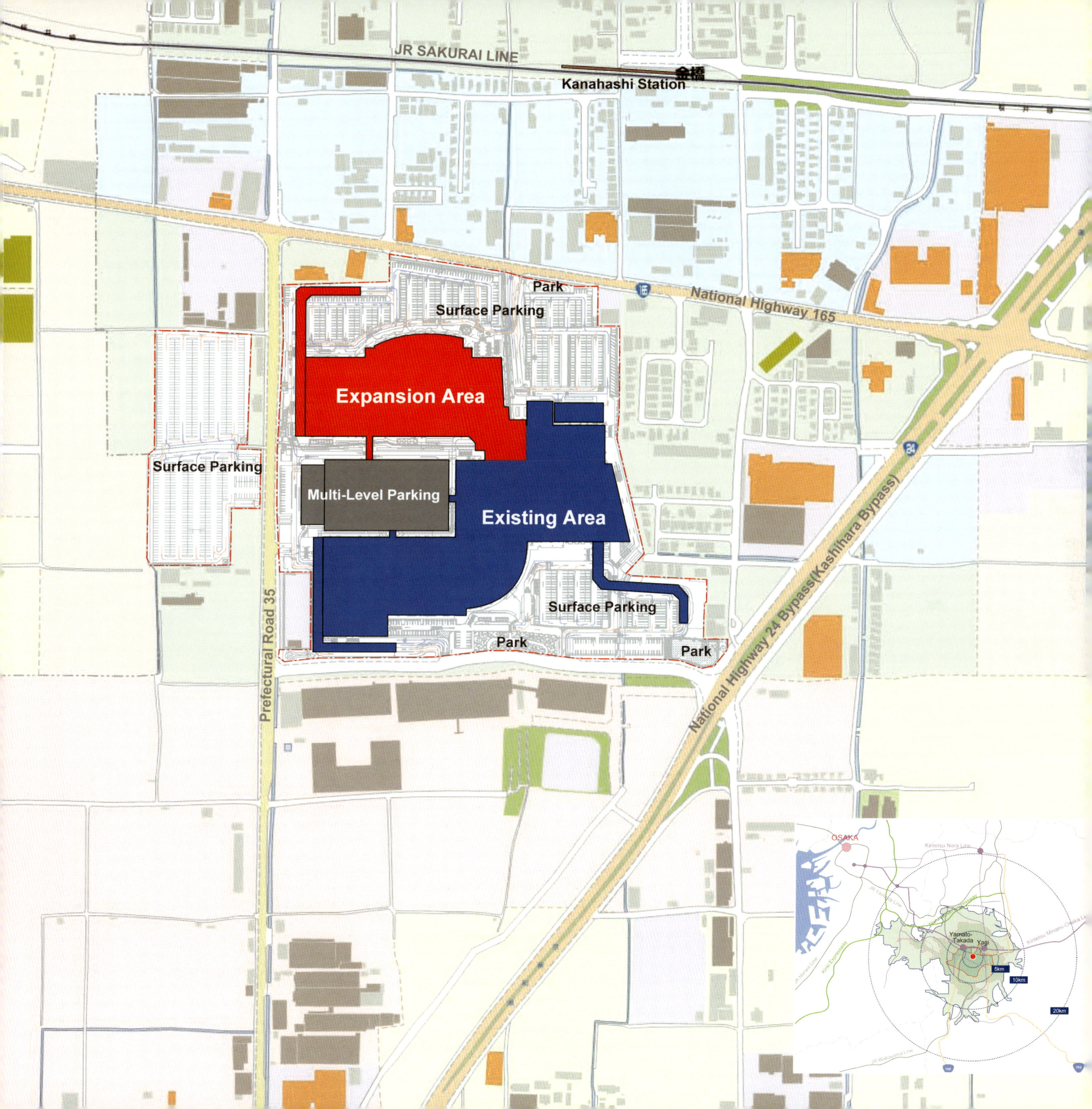

JR SAKURAI LINE
金橋
Kanahashi Station
National Highway 165
Park
Surface Parking
Expansion Area
Surface Parking
Multi-Level Parking
Existing Area
Surface Parking
Park
Park
Prefectural Road 35
National Highway 24 Bypass(Kashihara Bypass)
OSAKA
Kintetsu Nara Line
Yamato-Takada
Yagi
5km
10km
20km

JUSCO
ÆON MALL
AKURU
Handlebars
Star & Moon

平面图 -1

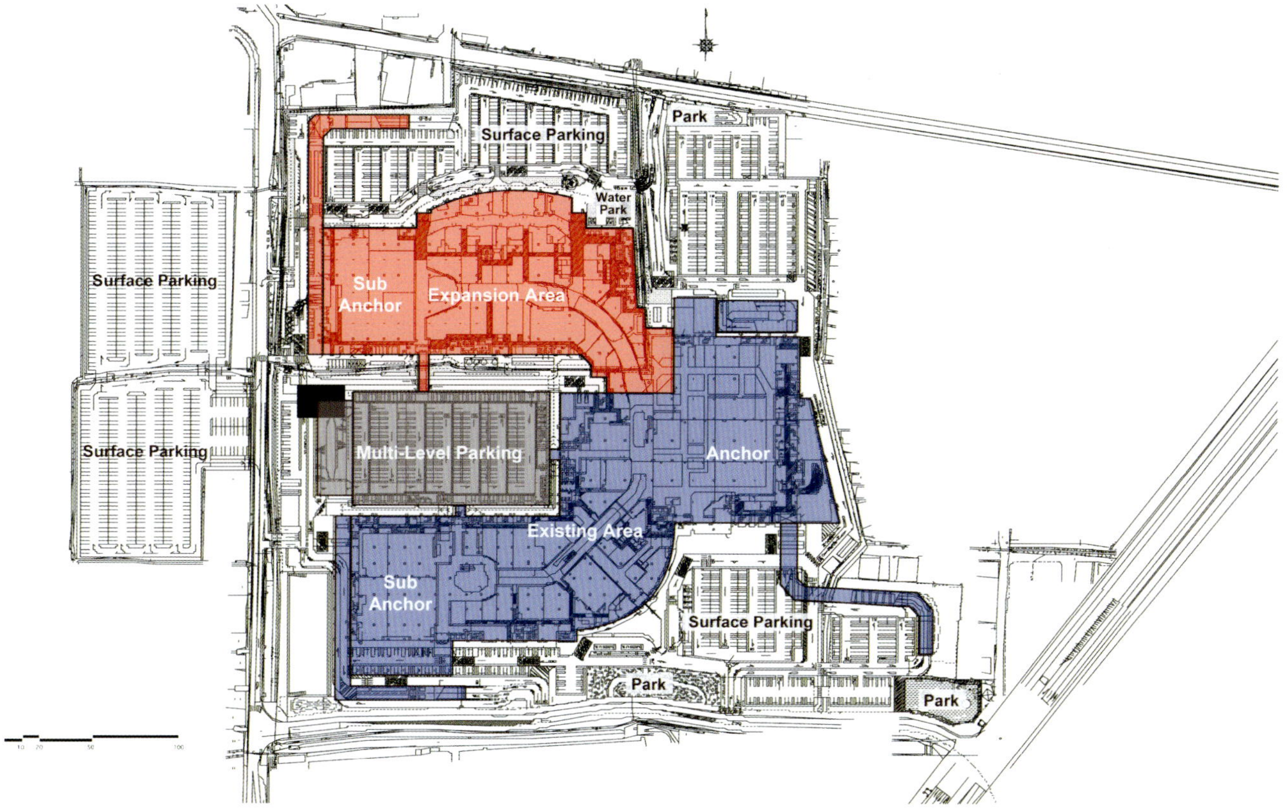
Surface Parking
Park
Water Park
Surface Parking
Sub Anchor
Expansion Area
Surface Parking
Multi-Level Parking
Anchor
Existing Area
Sub Anchor
Surface Parking
Park
Park

ÆON MALL
ARURU

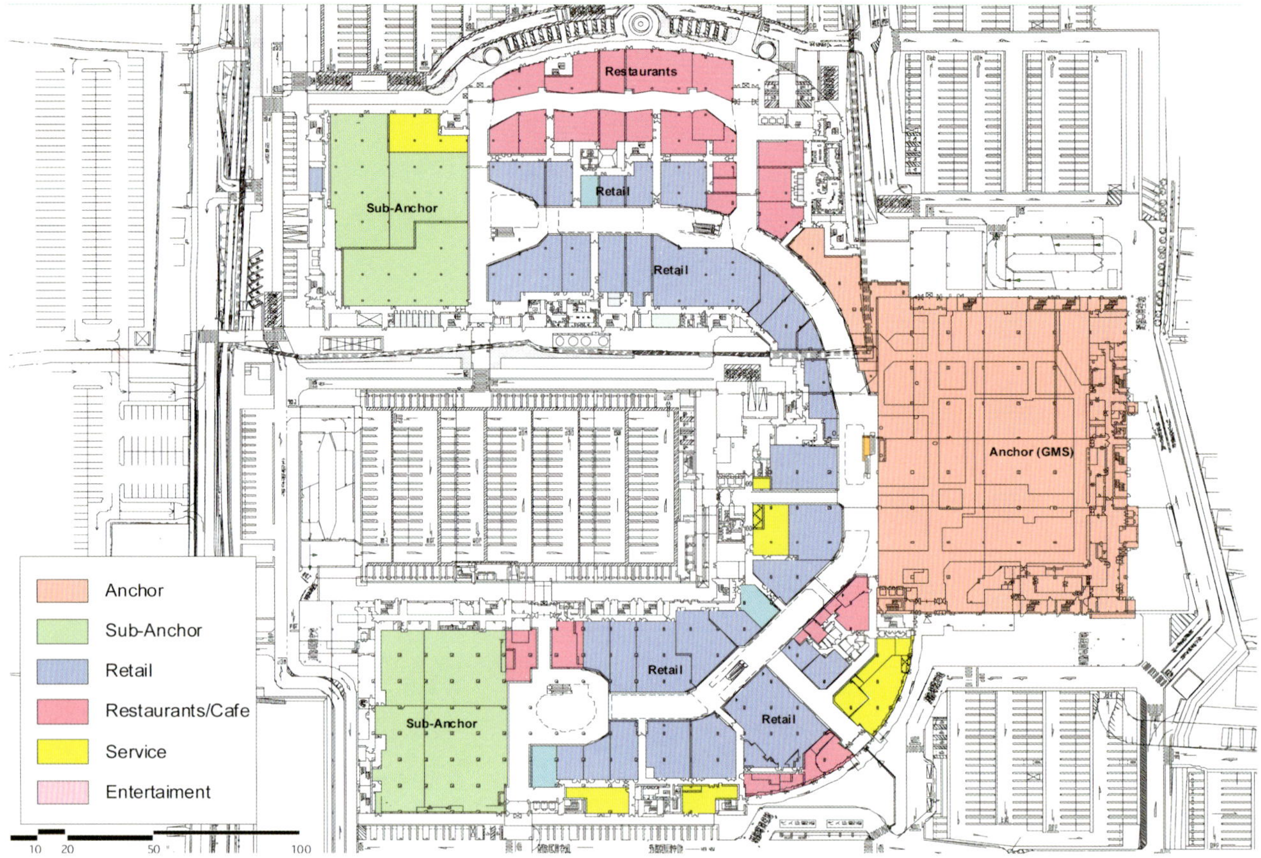
Restaurants
Retail
Sub-Anchor
Retail
Anchor (GMS)
Retail
Sub-Anchor
Retail
Anchor
Sub-Anchor
Retail
Restaurants/Cafe
Service
Entertaiment
10 20 50 100

平面图 -2

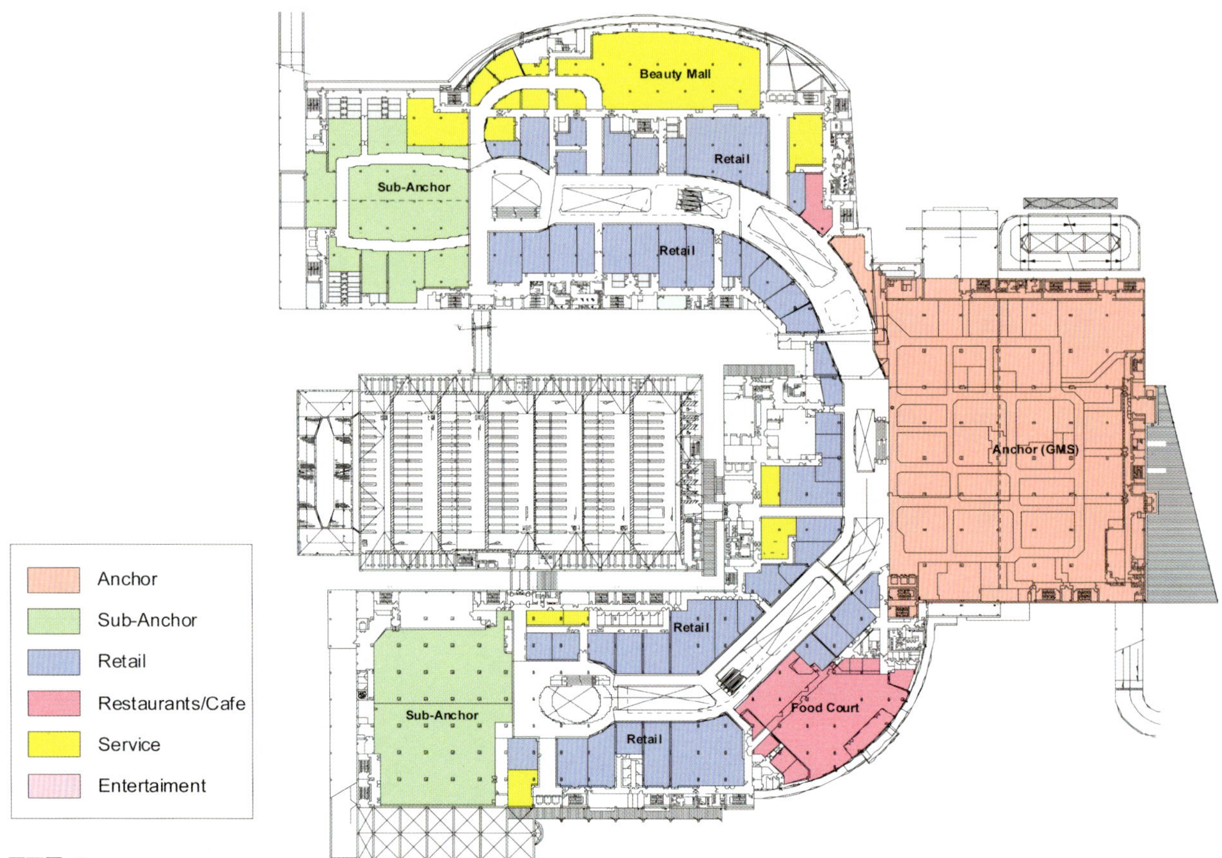
Beauty Mall
Retail
Sub-Anchor
Retail
Anchor (GMS)
Retail
Food Court
Sub-Anchor
Retail
Anchor
Sub-Anchor
Retail
Restaurants/Cafe
Service
Entertaiment

平面图 -3

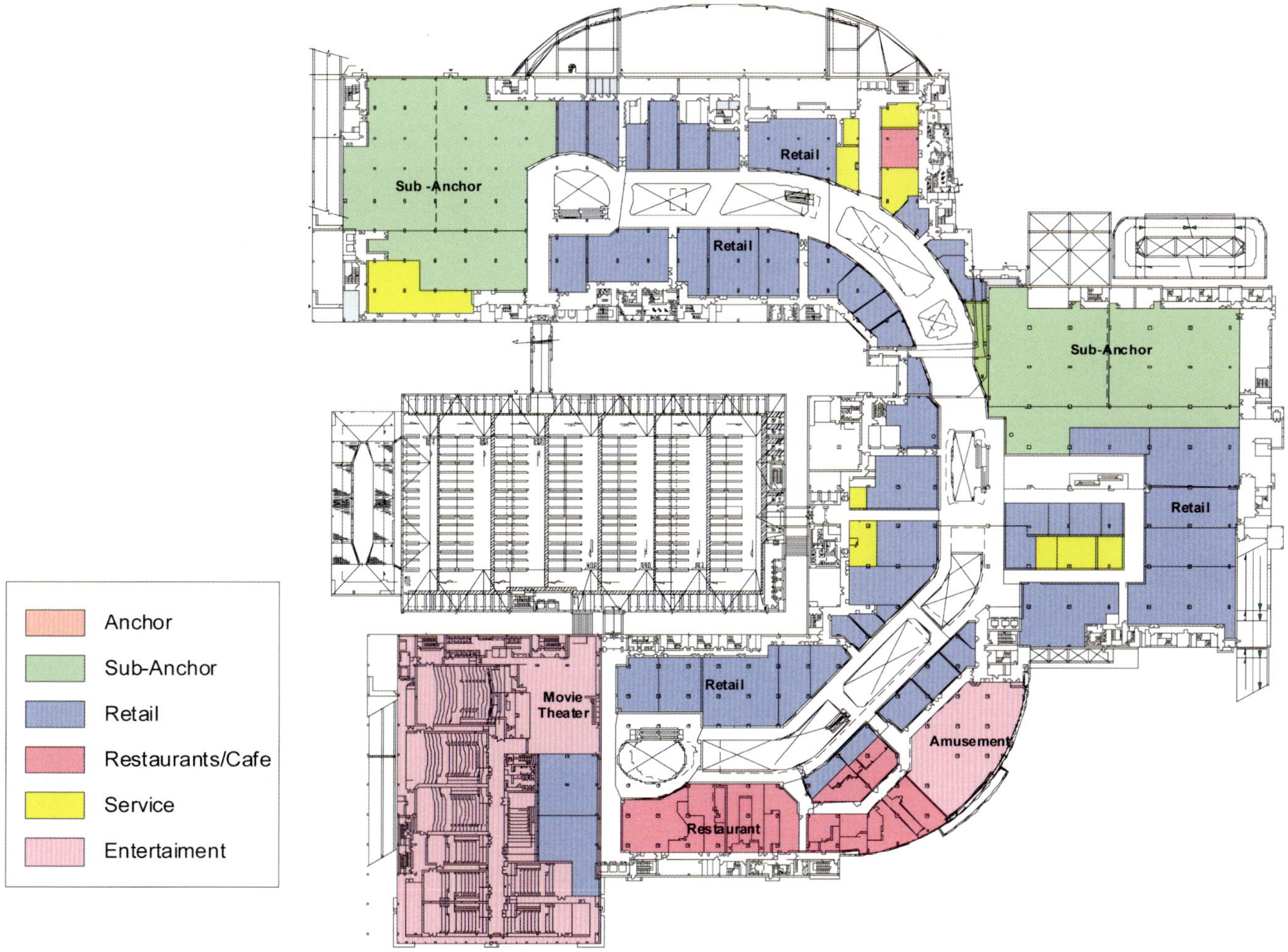

平面图 -4

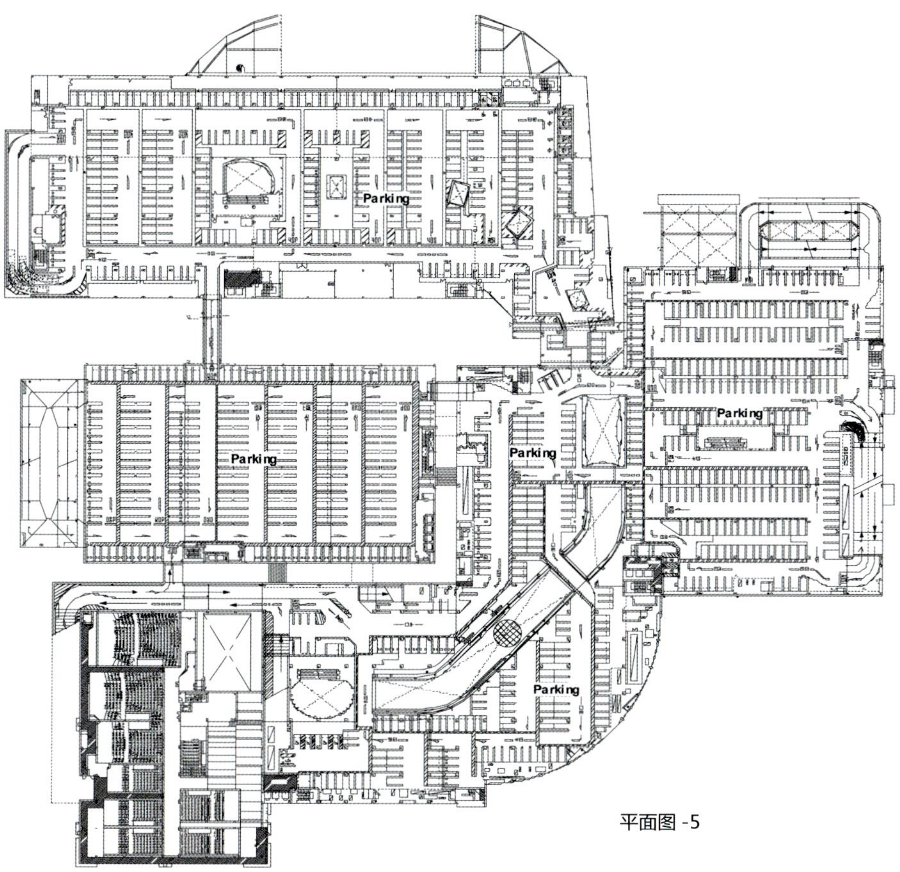

平面图 -5

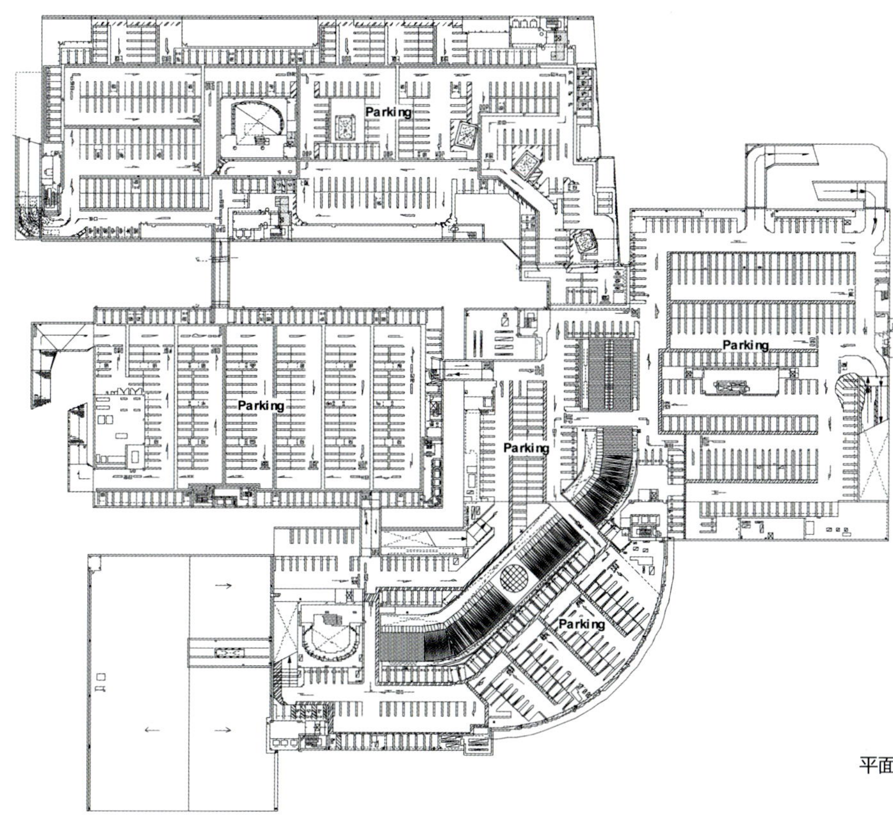

平面图 -6

该中心共3层，日本最大的百货零售品牌JUSCO领先进驻。ARURU最初于2004年开业，之后进行扩建，增加了244间商铺。

JUSCO
JUSCO
HEALTH & BEAUTY CARE
Liquor・酒
ワイン
発泡酒

SALE

ZARA

UNI
QLO
限定商品
¥1,290

FLAXUS

Citi Plaza

项目名称：Citi广场
项目地址：加拿大，安大略省，伦敦市
竣工时间：2009 年
建筑设计：Petroff Partnership Architects
灯光设计：Petroff with Hammershlag and Joffe

项目总览

设计者以创新的理念和一个重复利用的方案来全面改造Galleria London，将其从一间残旧的市中心购物商场转变成一间充满活力的综合性购物中心。该项目的扩建内容包括一个现代新美食广场，公共洗手间，一个独具风格的中庭入口，一些国内知名品牌和一个属于它的新名称——Citi Plaza。

citi
CITI PLAZA

DUNDAS STREET

TON STREET
YORK STREET
EET

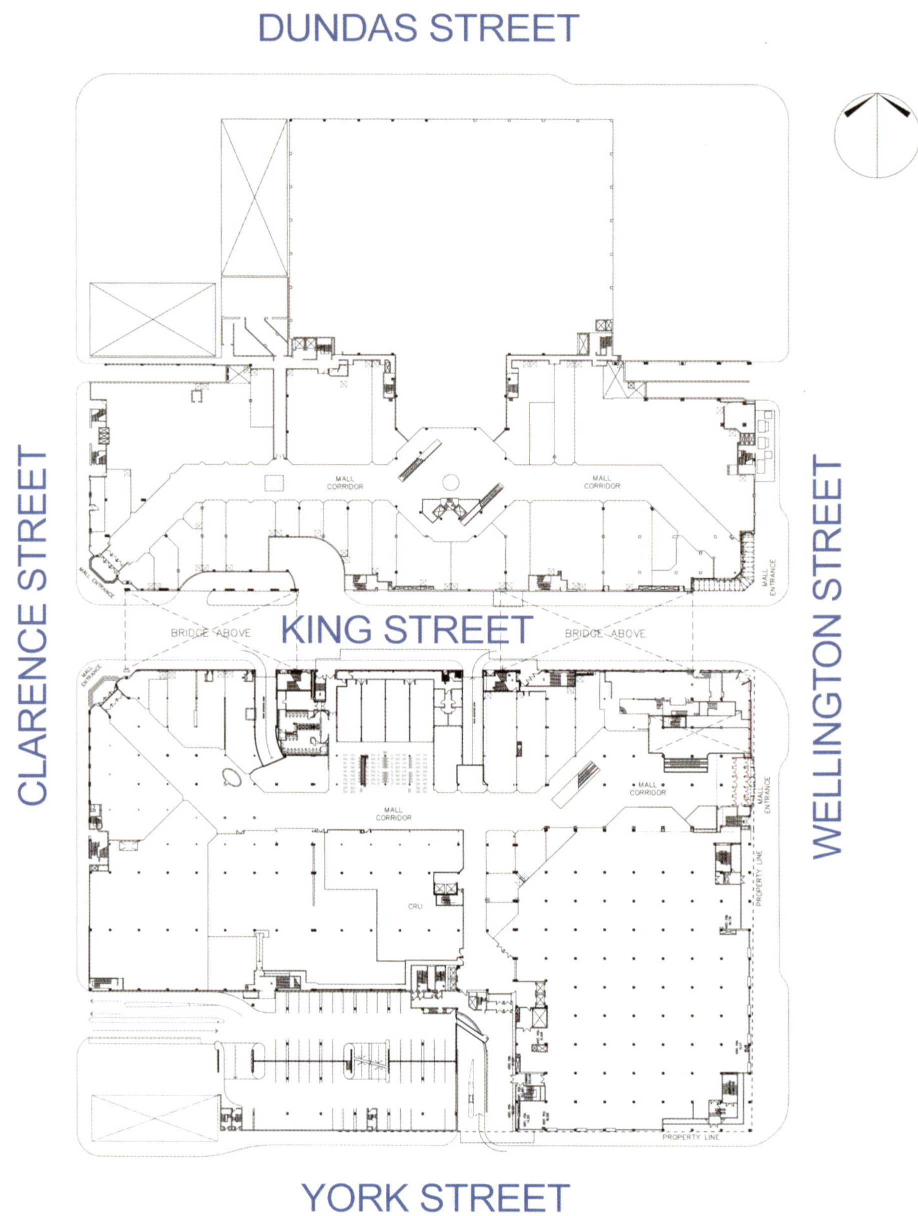

平面图 -1

该中心在南侧拥有8层的停车楼，共610个停车位，与大楼3层的入口相连接。此外，168个地面停车场则可通过6个入口进入。

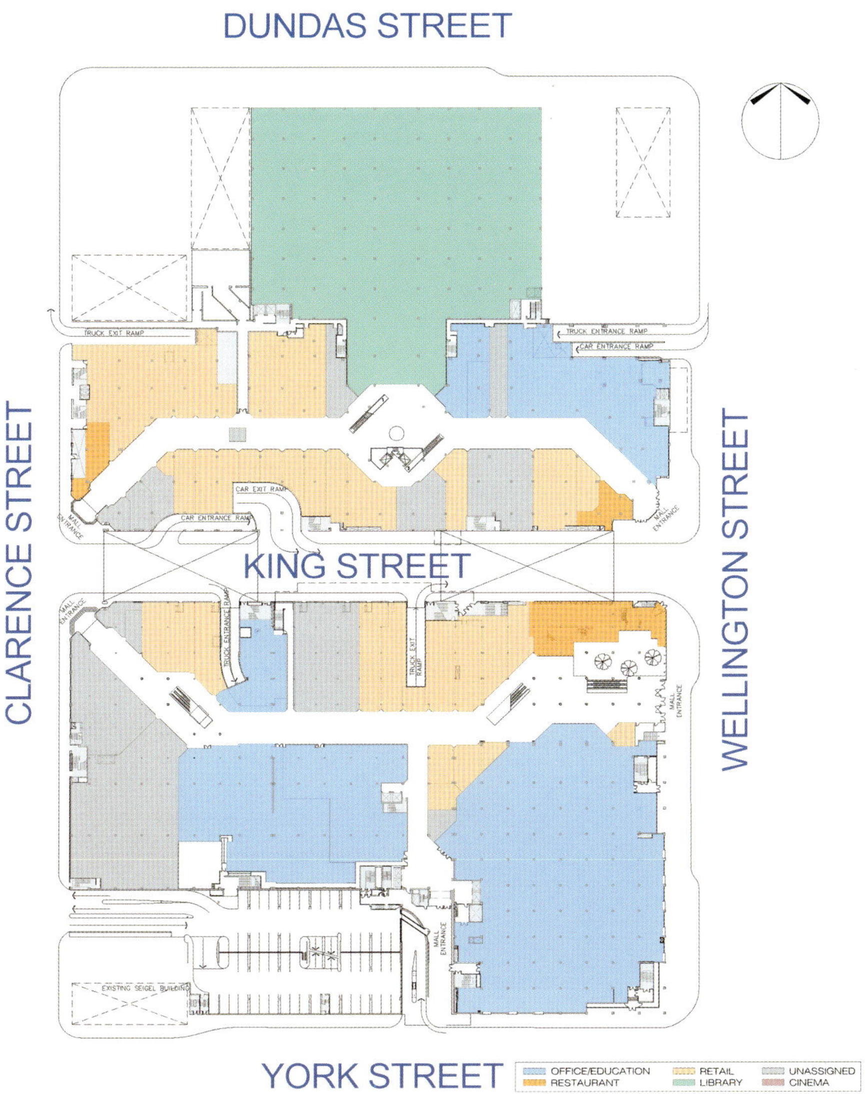
DUNDAS STREET
CLARENCE STREET
KING STREET
WELLINGTON STREET
YORK STREET
OFFICE/EDUCATION
RESTAURANT
RETAIL
LIBRARY
UNASSIGNED
CINEMA

平面图 -2

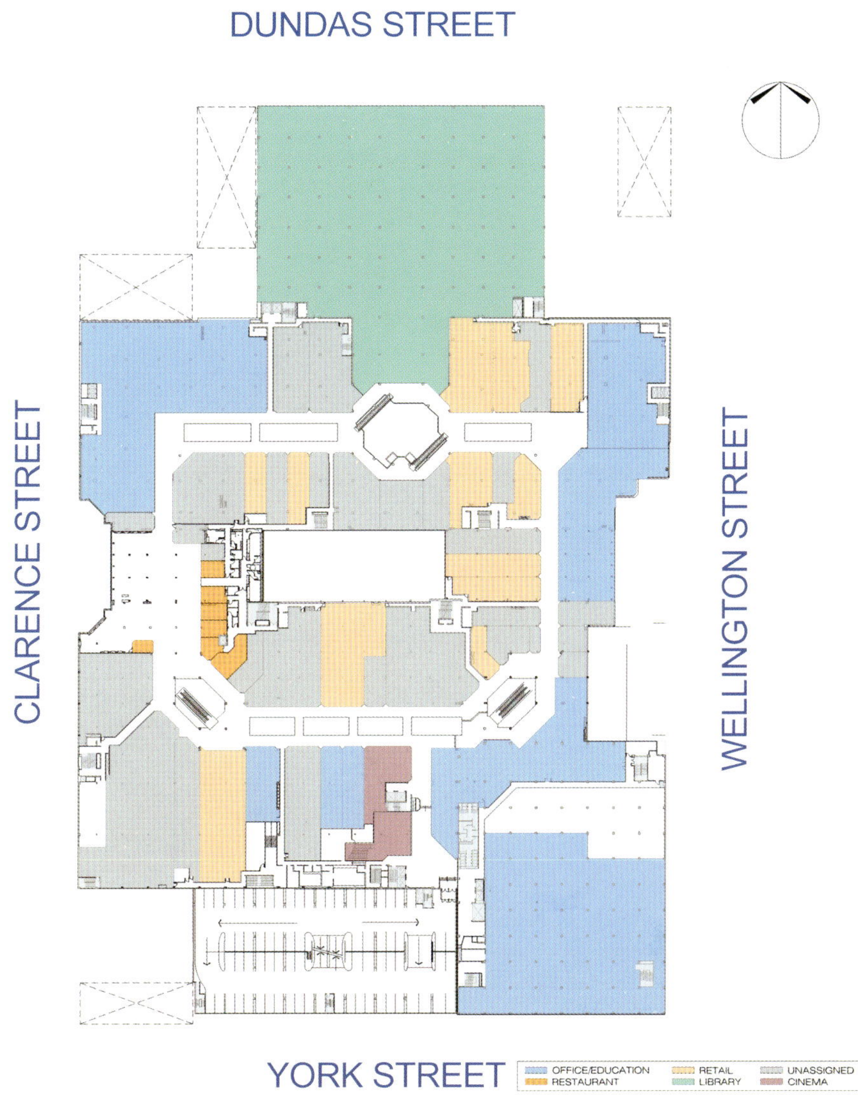
DUNDAS STREET
CLARENCE STREET
WELLINGTON STREET
YORK STREET
OFFICE/EDUCATION
RESTAURANT
RETAIL
LIBRARY
UNASSIGNED
CINEMA

平面图 -3

GoodLife
JOIN TODAY
$0
ENROLLMENT
CALL 433 0601
CANADA'S BEST
BIGGEST IN THE WORLD
355
GALLERIA LONDON

平面图 -4

平面图 -5

平面图 -6

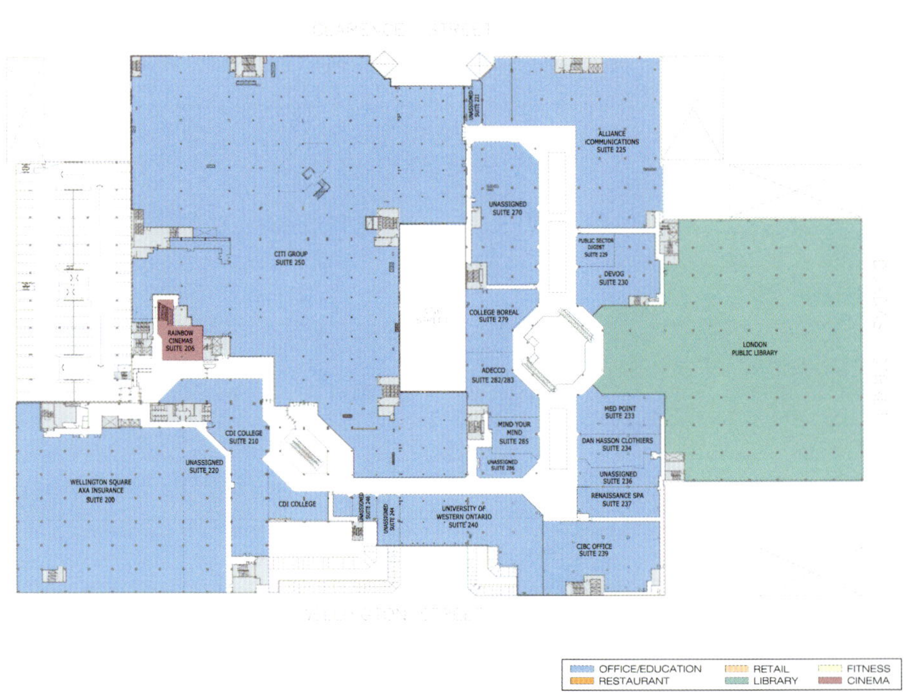

country style

SUZY
SUZY

country style
Bistrodeli
country style

SUZY
SUZY

GOLDEN

WASHROOM
FIESTA BUN
GOLDEN WOK

GOLDEN WOK

Forum Mersin Shopping and Lifestyle Centre

项目名称：梅尔辛购物中心
项目地址：土耳其，梅尔辛省,
竣工时间：2008 年
总 面 积：71,500 m^2
建筑设计：1.T+T Design, 2.Chapman Taylor, 3.MM Proj
开 发 商：Multi Turkmall Gayrimenkul Yat.Ins. ve Tic AS

项目总览

梅尔辛购物中心靠近海滨，其中央位置被一条大道一分为二，于是需要一个有创意的设计理念将其连接起来。设计公司设计了一个人行天桥，站在上面可以将海景尽收眼底。室内购物街和室外商场也均与该中心设计主题相协调。另一条通向广场的商业街，通过天桥与室内购物街相连。总之，两个不同的购物天堂各具特色。

RUM MERSİN
boyner
FORUM MERSİN

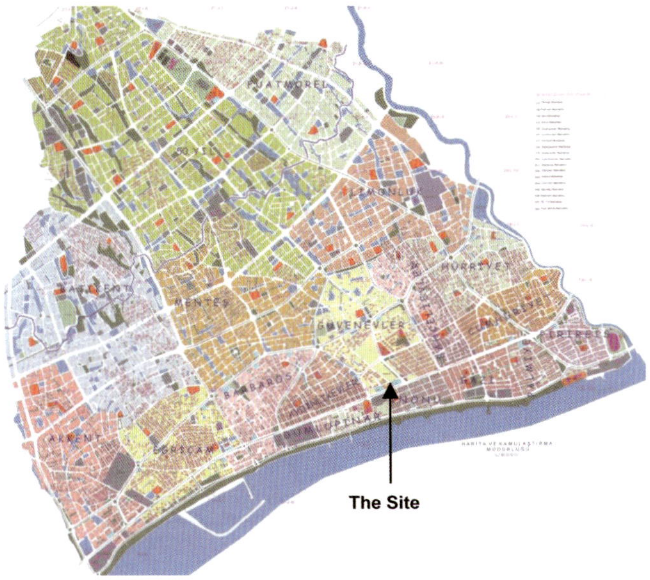

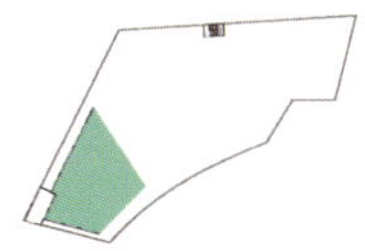

平面图 -1

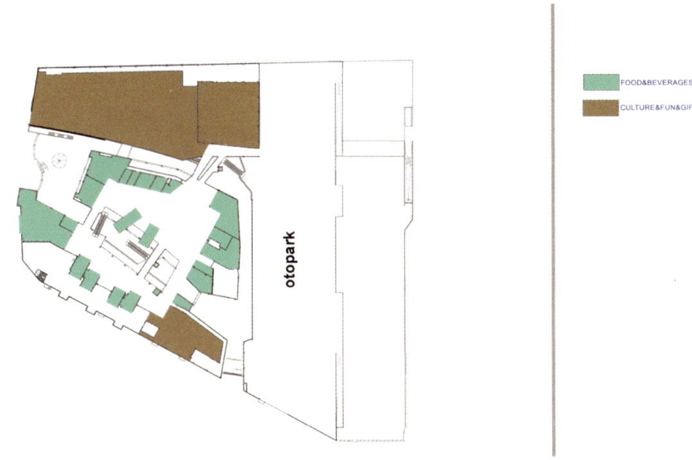

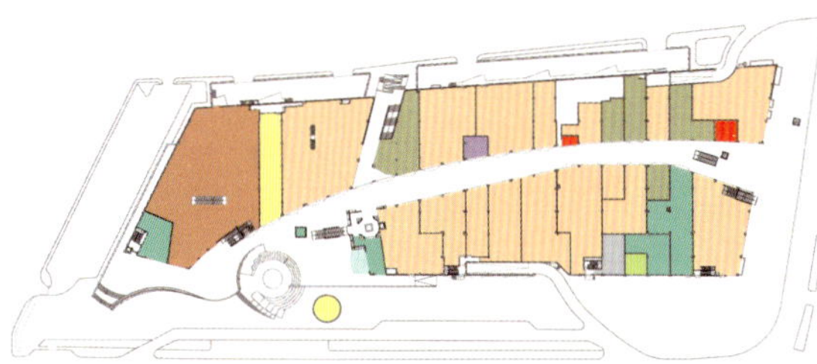

平面图 -2

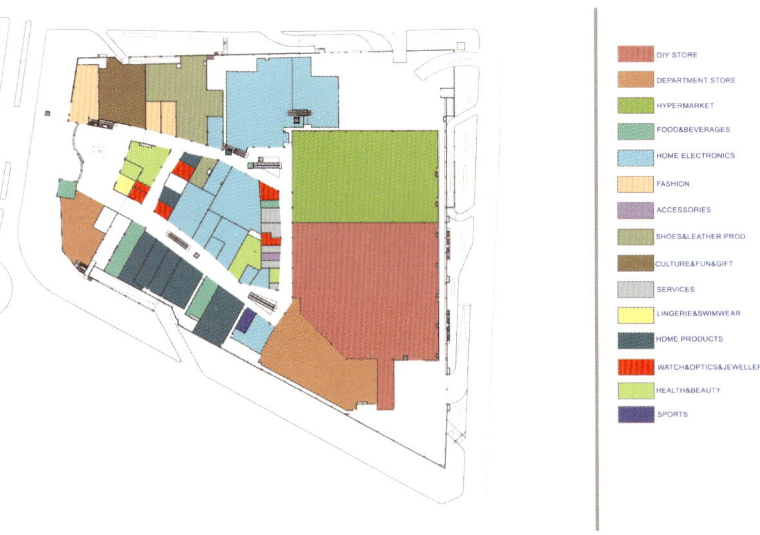

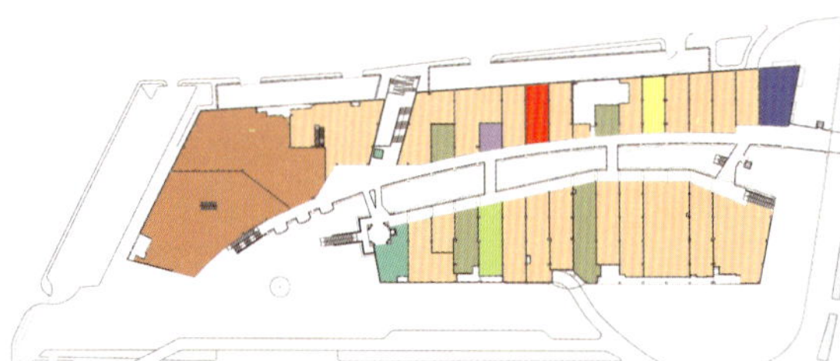

平面图 -3

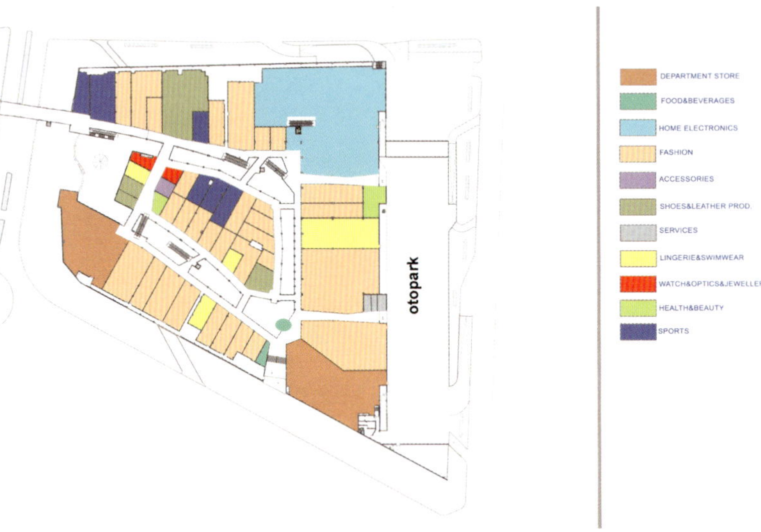

梅尔辛购物中心被设计成为城市的一部分，与周围环境相融合。新的城市空间由不同的区域环境组成，每种环境都带给游客不同的感觉和体验。购物中心的建筑结构充满历史韵味的同时又融入了现代元素，如商场景观、电影院和室外商场的红色灯塔。设计元素中处处反映着该项目的海滨建筑主题，包括人行道上的涟漪、棕榈树及许多水的特征表现，还有用来为天桥遮光的帆。

hediye çeki

该项目一直标志着梅尔辛购物中心在商业界的成功，并带动了当地的经济发展。自2008年开业以来，梅尔辛购物中心已接待了约11.2万游客。它不仅是当地居民购物休闲的首选，甚至还吸引了来自叙利亚和黎巴嫩的游客。

SAAT
OTOPARK / ATM
Bimeks
Süperkumpir

The Beaulieu Centre

项目名称：The Beaulieu 购物中心
项目地址：法国，南特
开业时间：2008 年
总 面 积：39,000 m^2
建筑设计：B&H Construire
开 发 商：Ségécé

项目总览

历经一年半的改造和扩建后，位于南特的Beaulieu中心现已揭开神秘的面纱。其宏伟的建筑风格以及逾100个品牌的进驻，都足以令游客们耳目一新。Beaulieu中心位于南特岛（现已扩展成为市中心），自1975年设立以来，即与当地的发展速度相持俱进。Beaulieu的改建致力于建筑师们以及负责南特岛可持续发展的城市规划者Alexandre Chemetoff的紧密合作，极大地加强了其对城区及周边环境的开放程度。

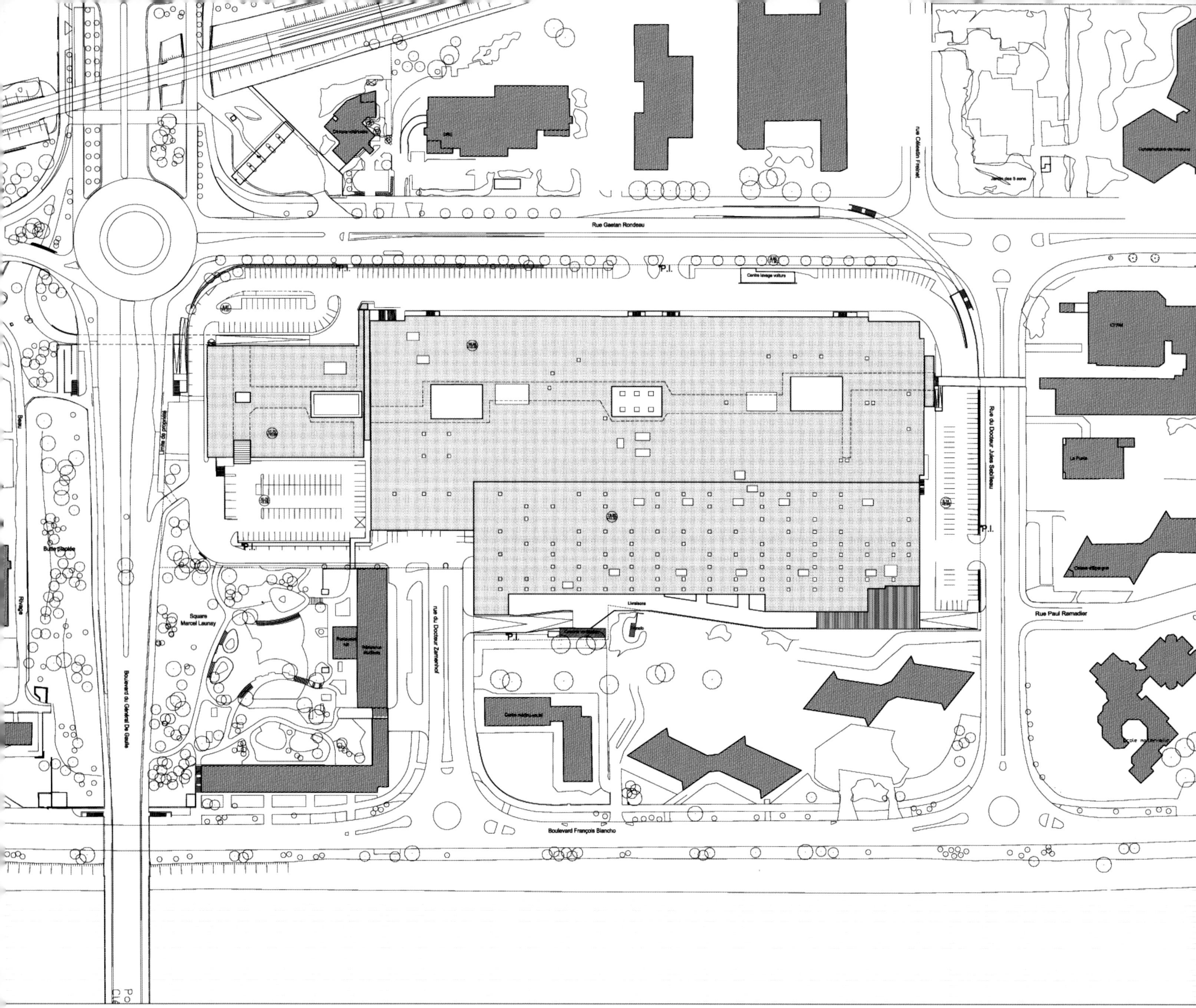

平面图 -1

由Patrick Bouchain 领航的B&H Construire建筑设计公司决定将该建筑真正融入其周边的环境中。此次扩建中，设计师利用了260个形状各异的金属棕榈叶片组成主楼正面的“栅栏”，与整个中心连接起来。在商场内部，建筑师比较了其新旧装修风格，保留了大量原有材料，如大理石、黄铜等。为提升空间和灯光效果，天花板装有各式灯具。金属管道组合而成的主灯震撼人心，与大楼前的棕榈叶交相辉映。此外，商场的环境方面也着重加强，如屋顶装有预制隔热板，卸货区建有隔音隧道等等。

centre médical

平面图 -2

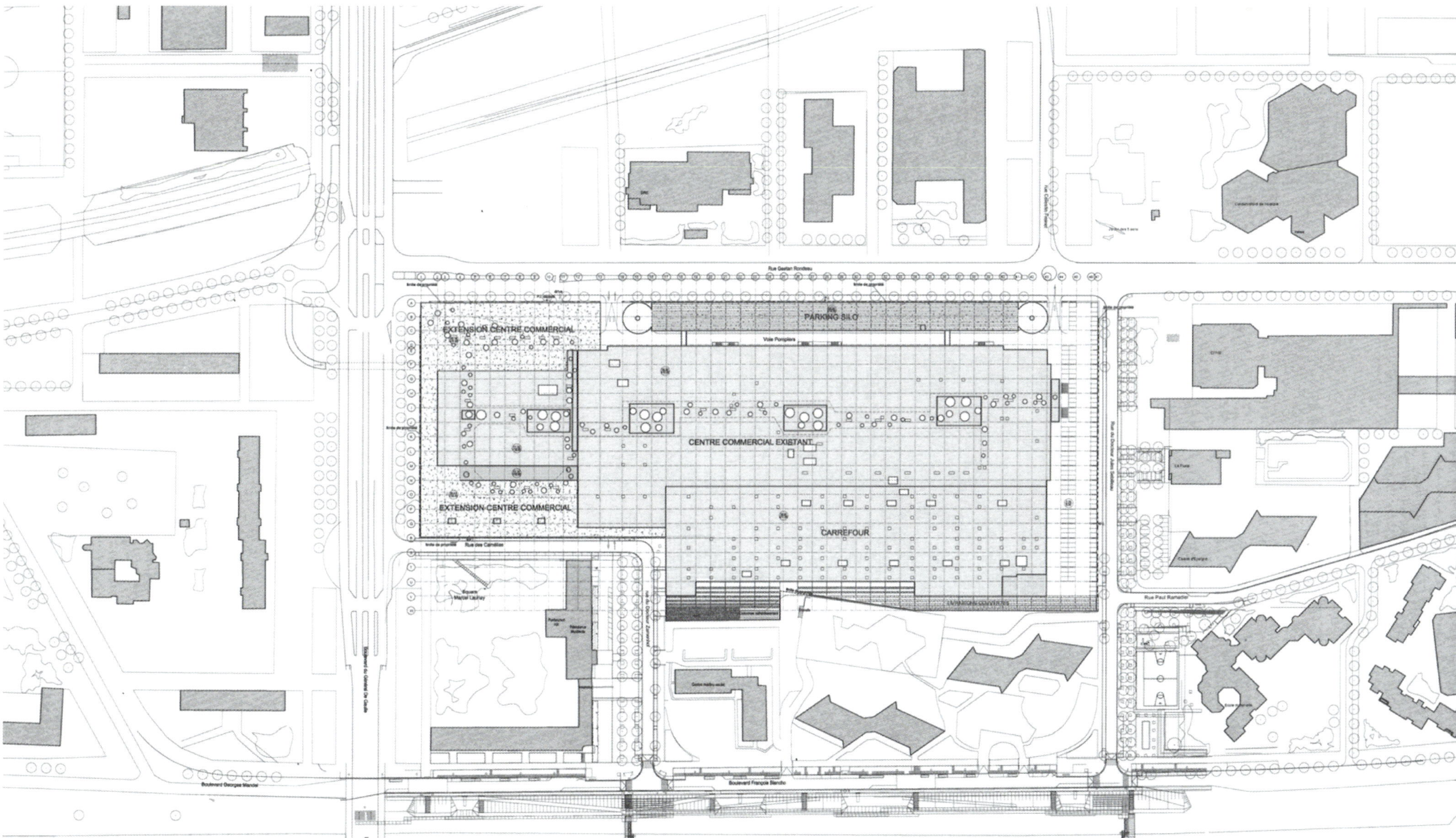

EXTENSION CENTRE COMMERCIAL
PARKING SILO
CENTRE COMMERCIAL EXISTANT
EXTENSION CENTRE COMMERCIAL
CARREFOUR

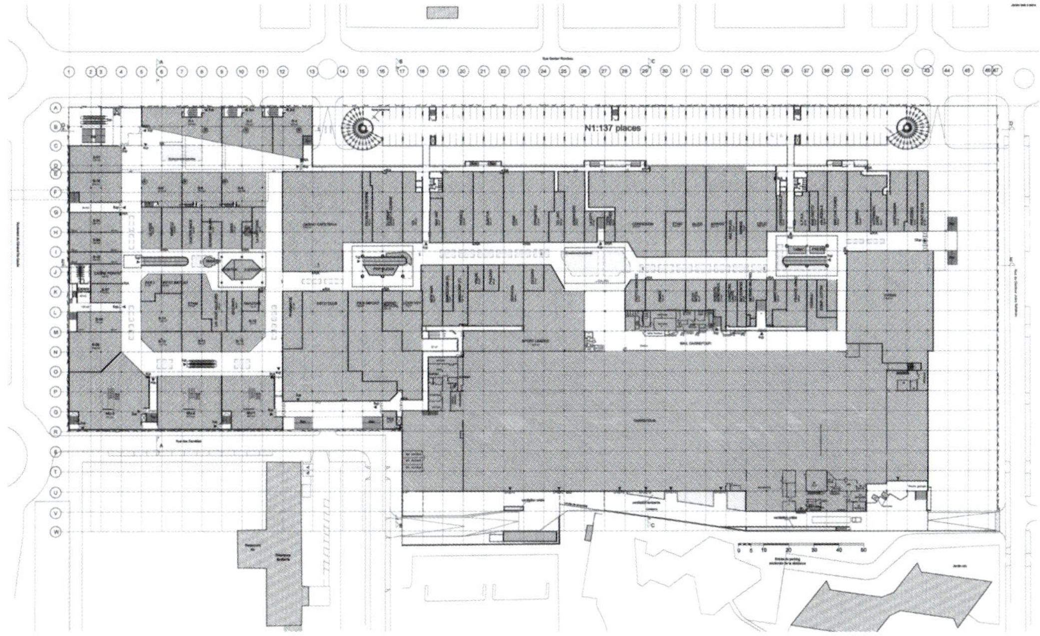

平面图 -3

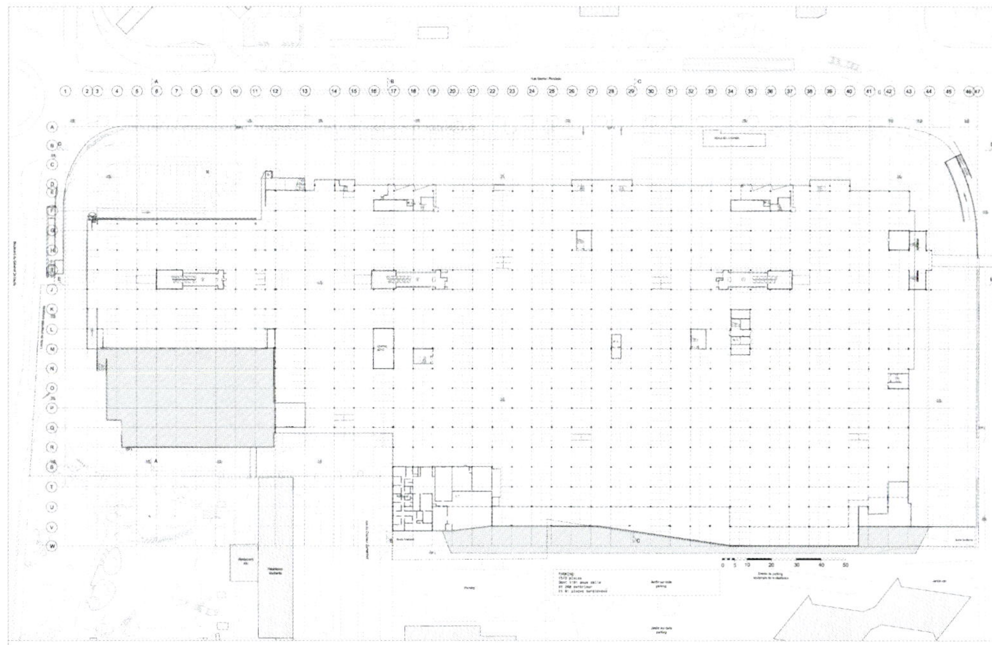

平面图 -4

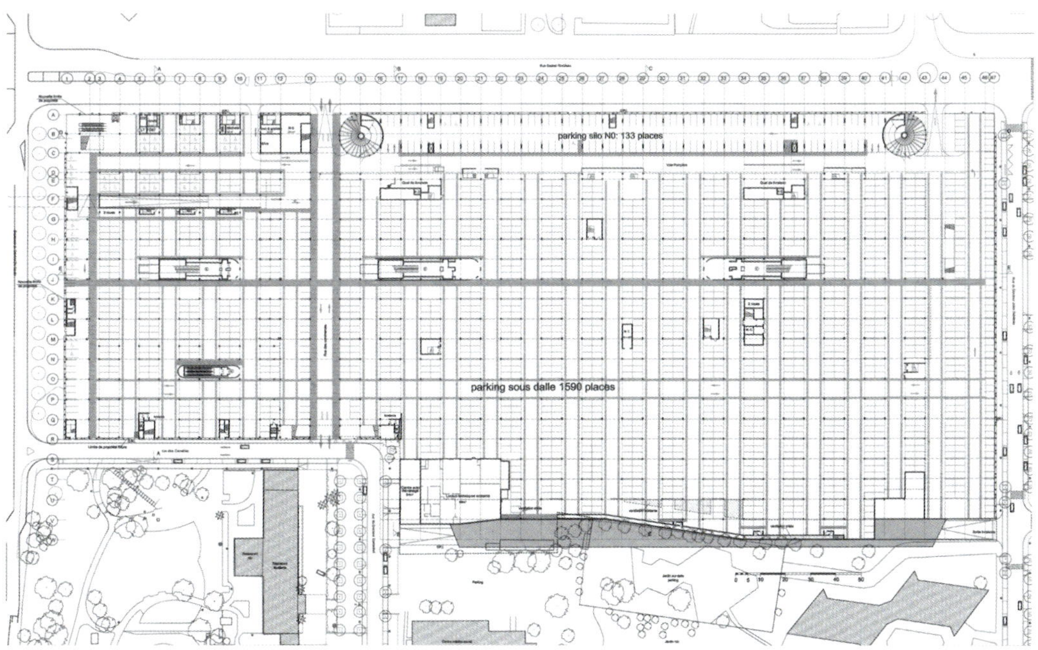

平面图 -5

与此同时，该中心时尚新潮的定位也使其吸引力飙升。最新入驻的24个品牌中还包括有首度在法国登陆的Vero Moda 和Jack&Jones（源自丹麦销售冠军的时尚概念）。而原有品牌也从商场的扩建中受惠，更具有现代感，从而为该中心的新形象添光增彩。

剖面图

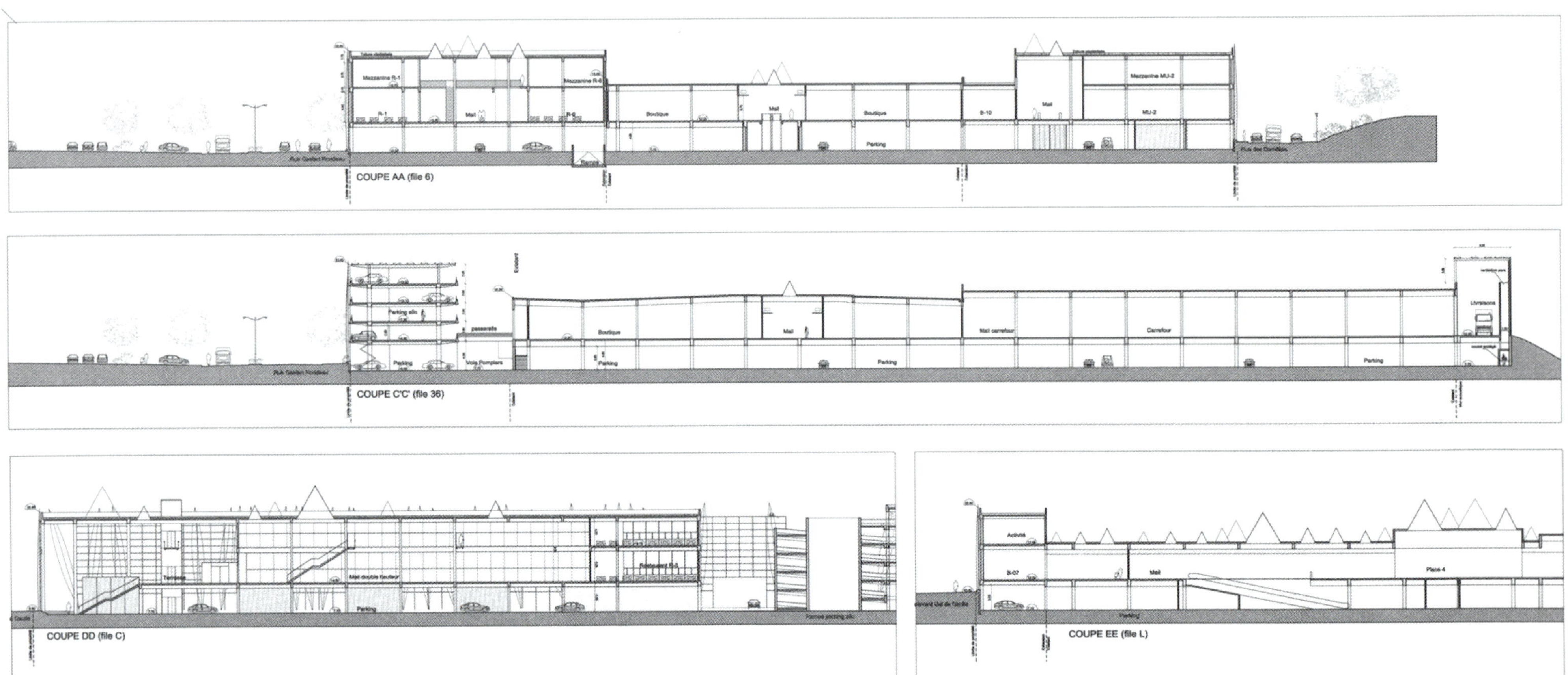

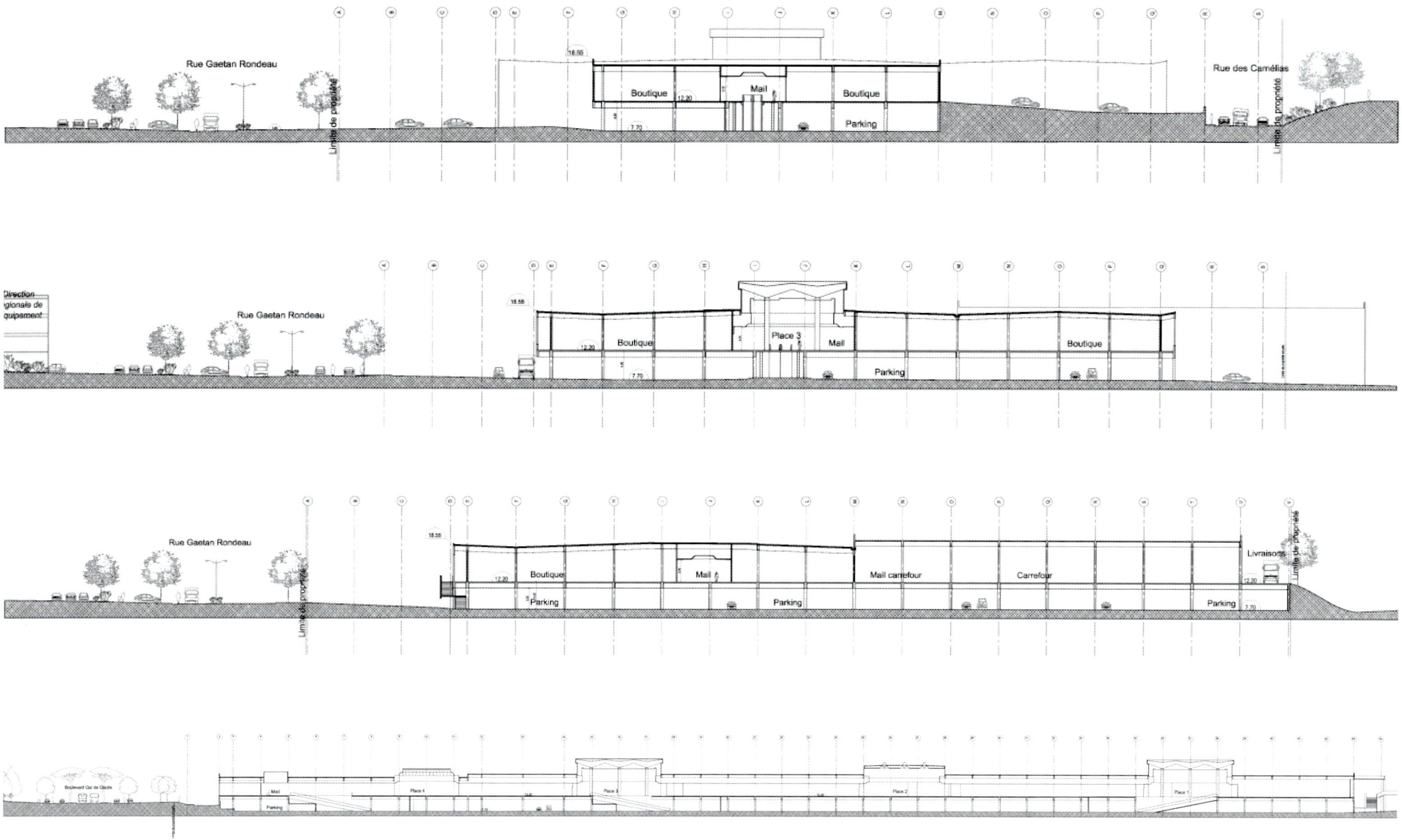
Rue Gaetan Rondeau
18.55
Boutique
Mail
Boutique
12.20
Parking
7.70
Rue des Camélias
Limite de propriété
Rue Gaetan Rondeau
Boutique
Place 3
Mail
Boutique
Parking
Rue Gaetan Rondeau
Boutique
Mail
Mail carrefour
Carrefour
Livraisons
Parking
Parking
Parking

立面图

VERO MODA
VERO MODA
JACK&JONES
ROXY

Etam
pimkie

ROXY

Toile
ARMANI
BEAU
LIEU
ÎLE DE NANTES
Les Comptoirs Casino

H&M

Pendorya Shopping Center

项目名称：Pendorya购物中心
项目地址：土耳其，伊斯坦布尔，彭迪克
竣工时间：2009 年
总 面 积：90, 000 m²
建筑设计：Erginoglu & Calislar建筑师事务所
灯光设计：Yıldız Ağan
摄 影 师：Cemal Emden

项目总览

Pendorya购物中心位于E-5高速公路旁的一个开发区内，将来这里还会开发办公楼和住宅等项目。设计方案中采用的主要标准是根据建筑结构的特定位置来制定的。大楼背面是嘈杂繁忙的E-5高速公路，外部是一个有遮蔽的露天广场。而商场内部则充满活力，处处带给人惊喜。Pendorya有望成为彭迪克新的中心商业区。

PENDORYA
PENDORYA
MediaMarkt
PLAZMA/LCD.BiLGiSAYAR.OYUN.DVD/CD.TELEFON.FOTO.BEYAZ EŞYA
BFM SİNEMALARI
MANGO
Mal Kabul
Otopark
20

Media Markt
kipa
Media Markt
LC Waikiki
KOTON
MANGO
PENDORYA

Media Markt
kipa

Media Markt
kipa
PENDORYA
kipa

平面图 -1

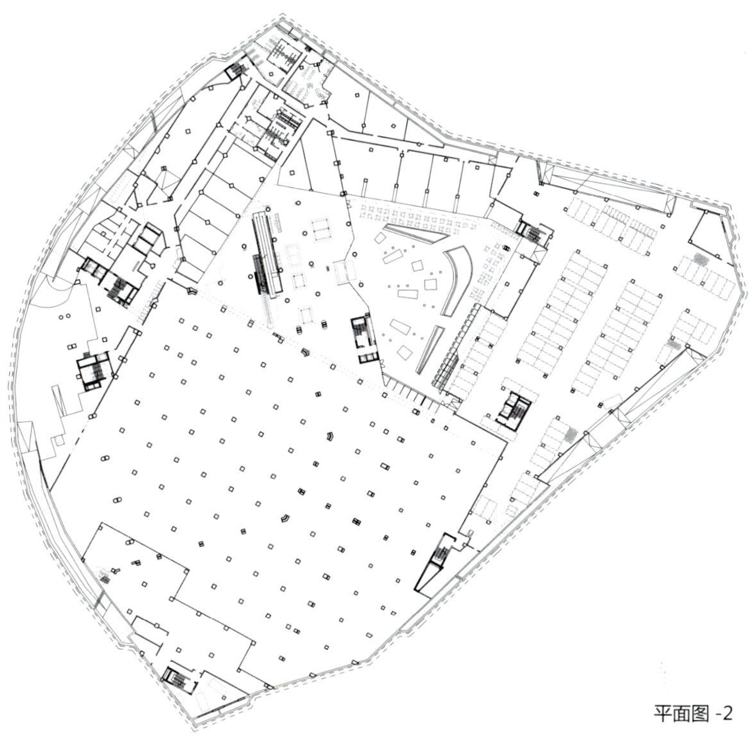

平面图 -2

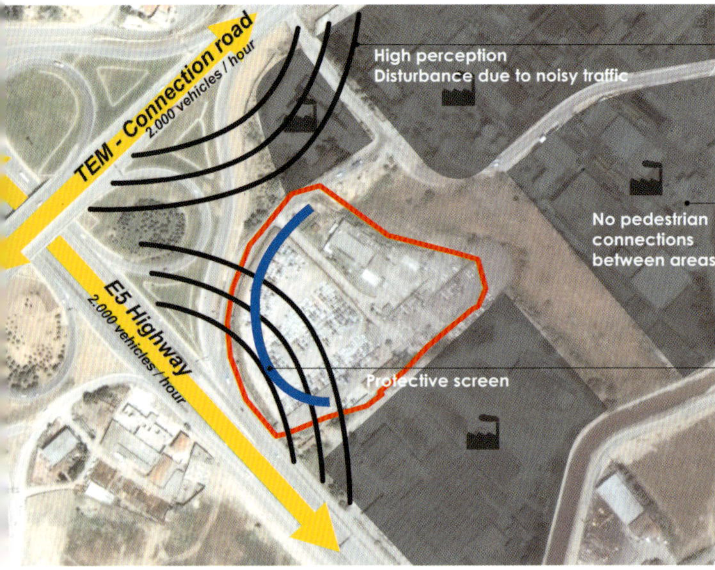

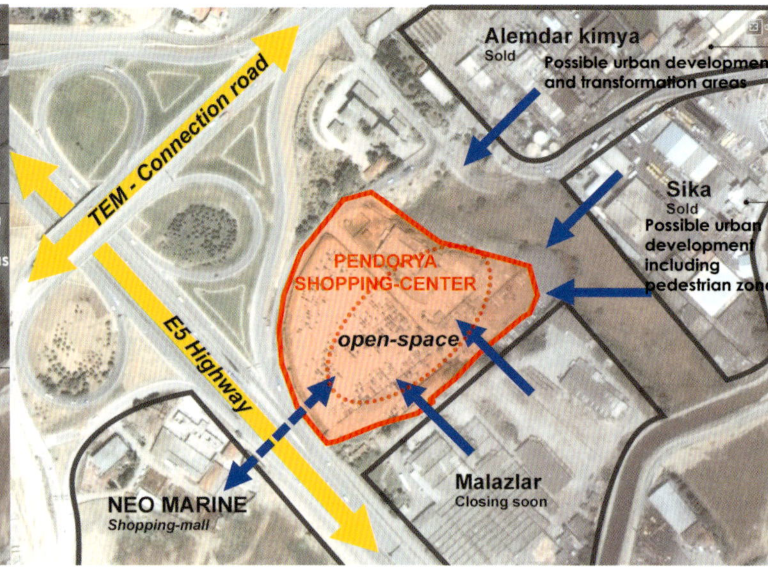

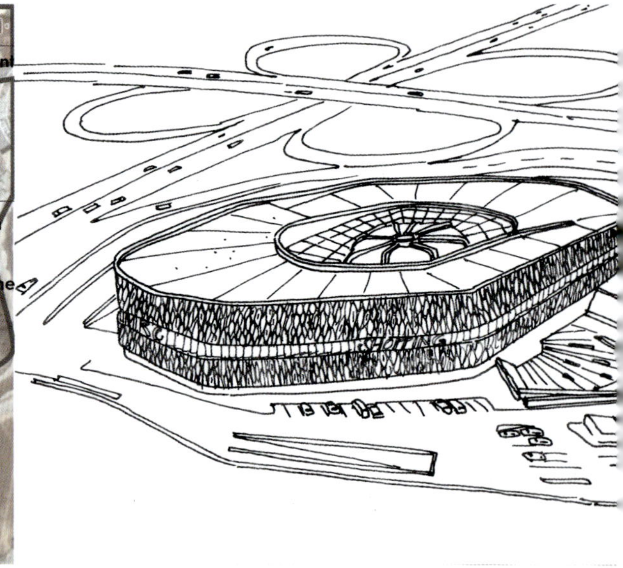

DEVELOPMENT SCHEMES

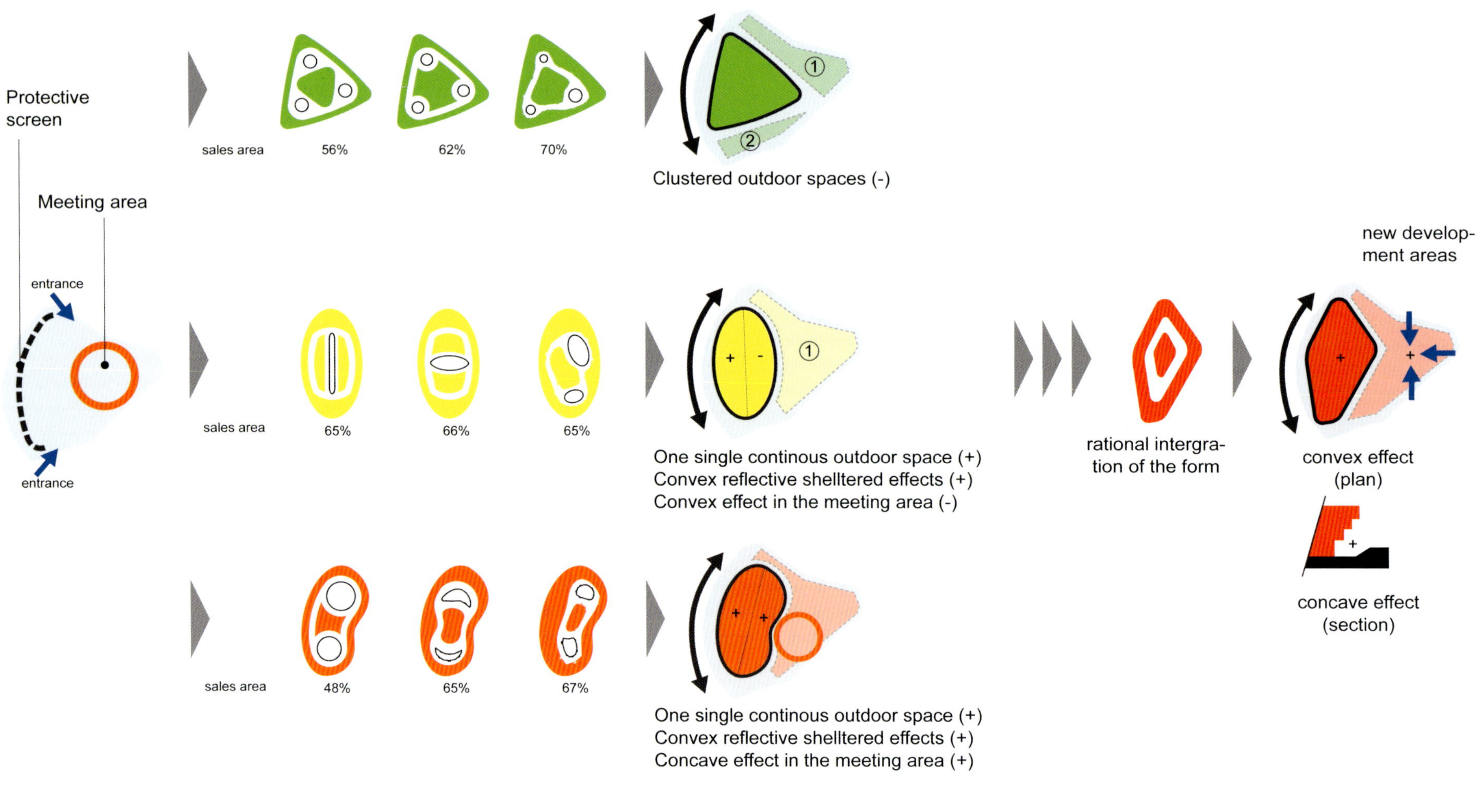

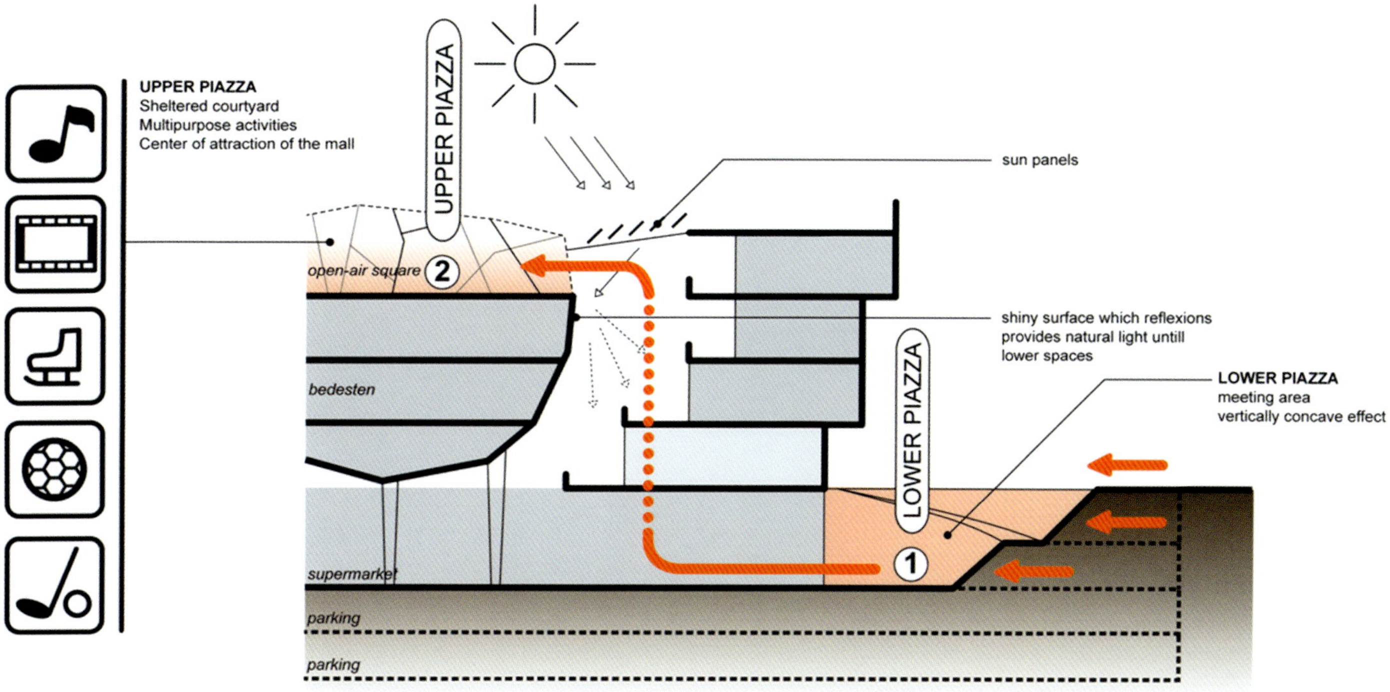

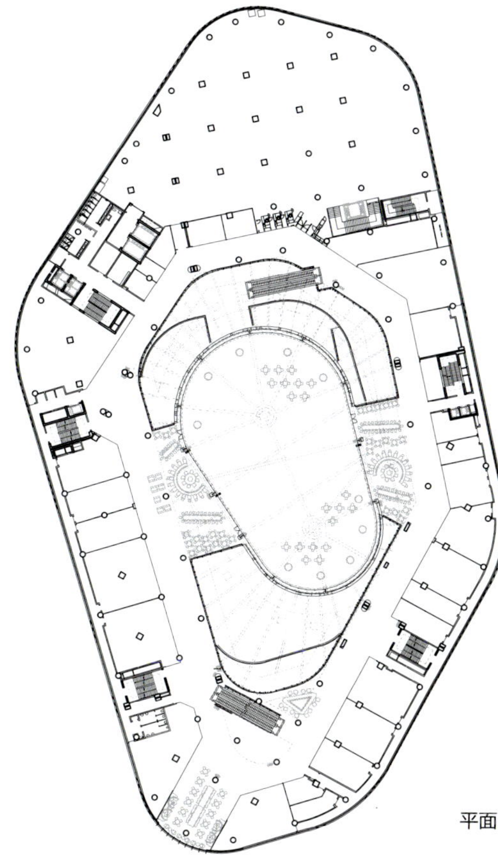

平面图 -3

剖面图 -1

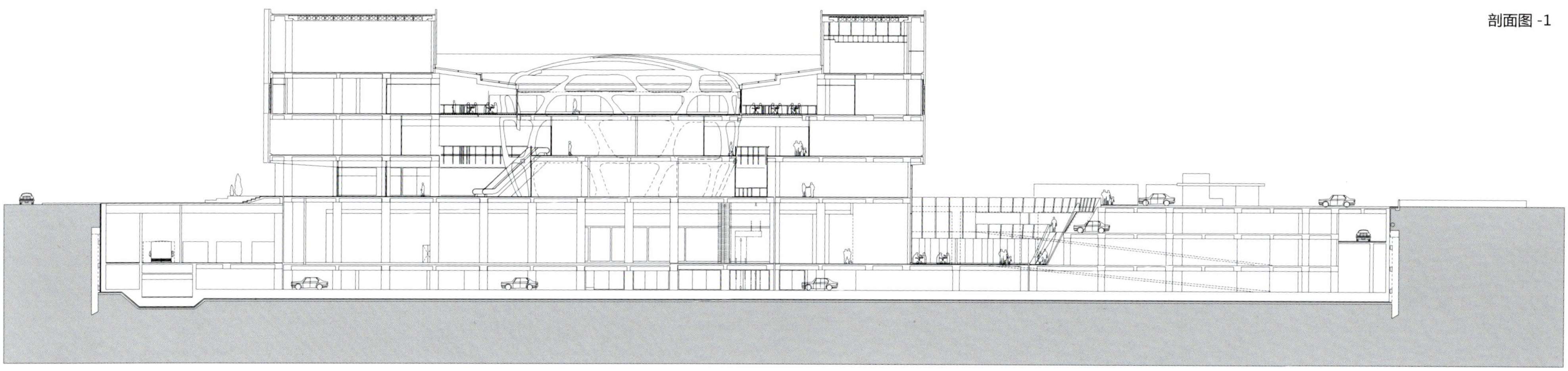

SECTION

剖面图 -2

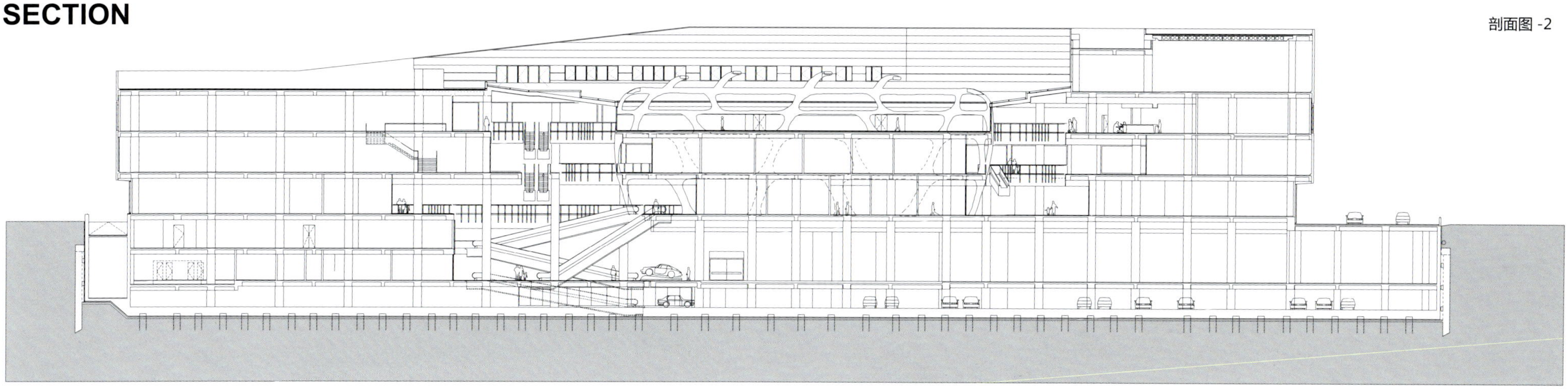

SECTION

购物中心的停车场和商场内部有捷径直接通向外部空间，而这个独具特色的露天广场也将成为人行道上的新焦点。该中心实行24小时营业制，户外也会安排丰富的活动。内部空间的灵活性则通过销售区域多变的规划方案和精心设计的客流系统来实现。

建筑外墙覆盖有玻璃面板，地面层的设计为顾客量身打造，印有图案的预制混凝土板用来装饰外墙的上半部分。同时，商场还坚持长期的维护以确保维持该购物中心的视觉效果。

50

POPEYES
Yakında...
Yakında

Mantı Keyf

batik

kipa cafe
kipa cafe

Oberoi Mall

项目名称：Oberoi 商场

项目地址：印度，孟买

竣工时间：2008 年

总 面 积：90,116 m^2

建筑设计：Bentel Associates RDC

开 发 商：Oberoi Constructions

项目总览

Oberoi商场位于戈尔甘的东侧，2008年年中开业，为孟买眼光敏锐的顾客们提供了更优质的购物娱乐新体验。娱乐、时装、餐饮和电影区域均经过设计者的精心安排，该中心也通过为游客提供世界级的购物经历而成为当地不可缺少的一部分。通过战略性的策划，Oberoi商场力求使商家开心，买家满意。

BOSS
BOSS ORANGE
We help you
croma
FUN
FOOD

WESTIN
CENTRAL
SHOP, EAT, CELEBRATE!
lifestyle
Home
oberoi mall
FUN • FOOD • FASHION • FILMS
PVR
Retire with pride.
PENSION PLANS
HDFC
croma

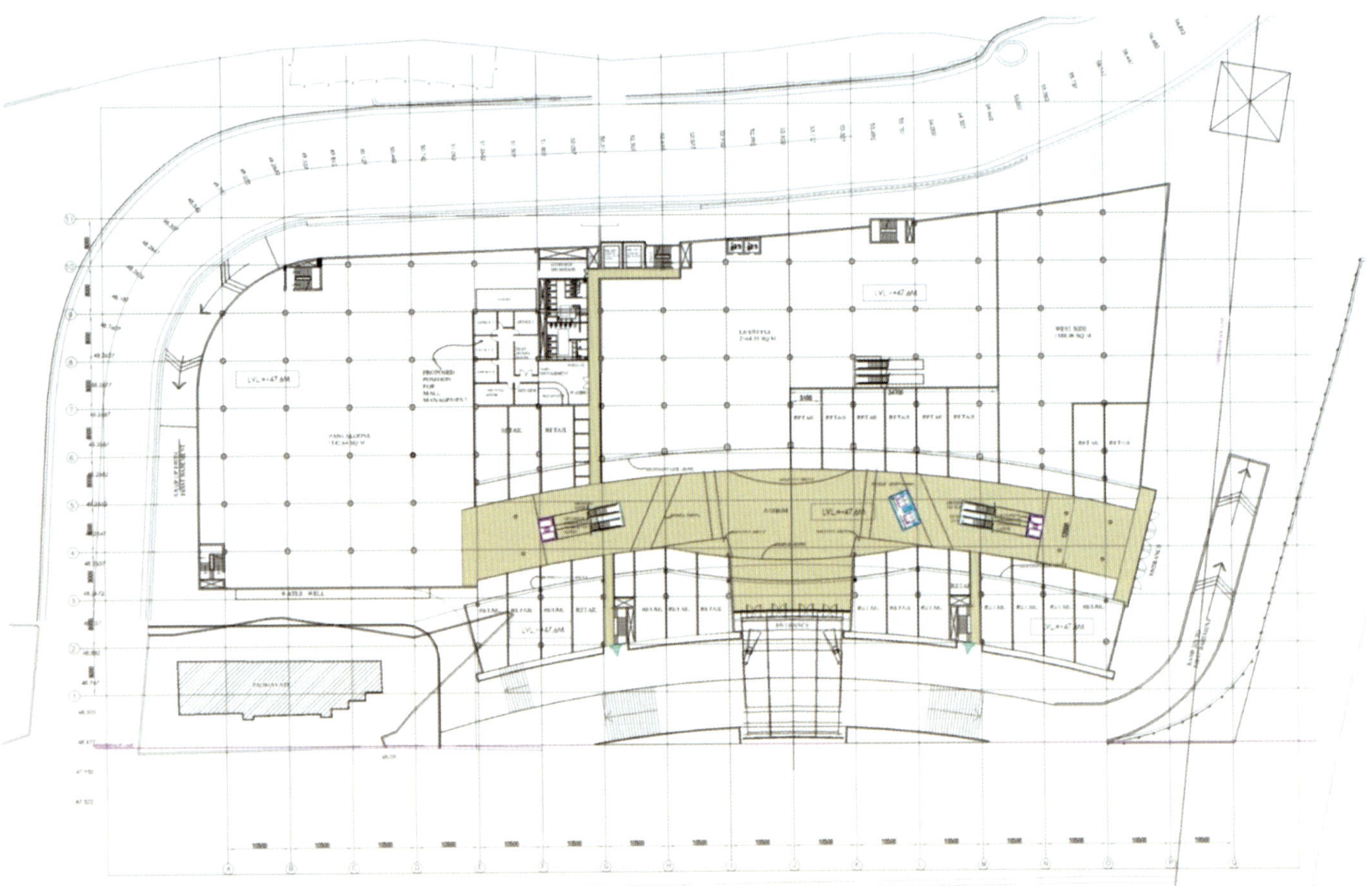

平面图 -1

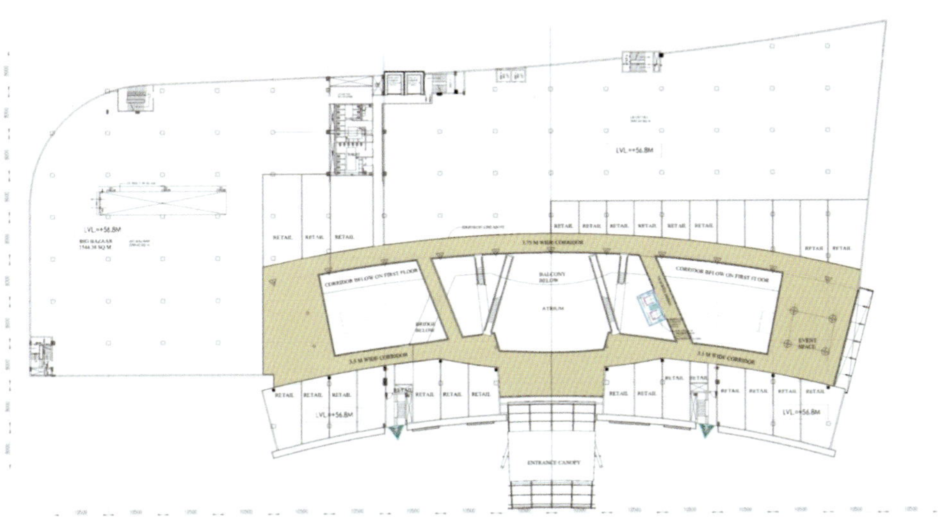

平面图 -2

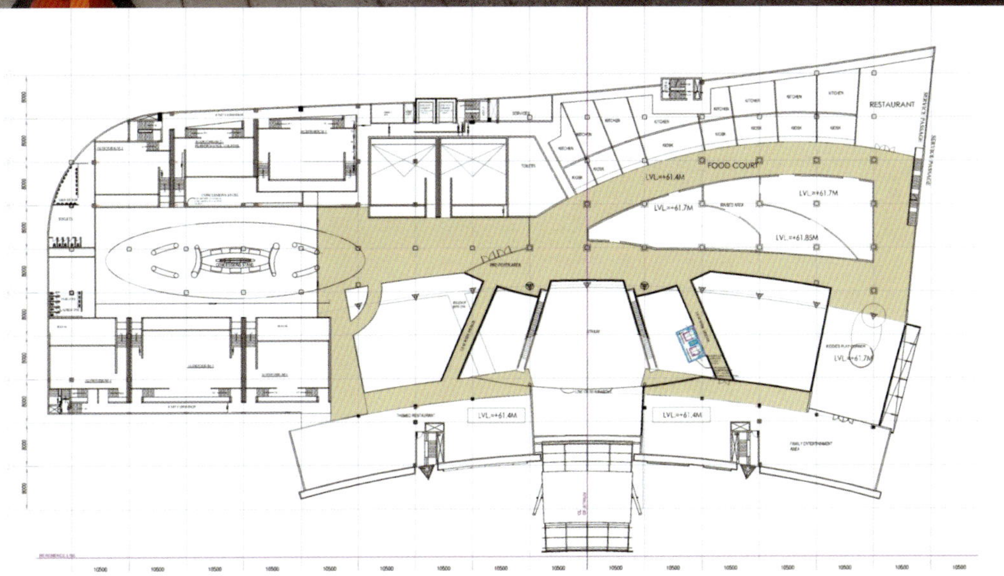

平面图 -3

AROMAS OF CHINA
Inc.5
Home CENTRE
Home CENTRE
Lifestyle
LOUIS PHILIPPE
SALE

ZODIAC
ZODIAC
STANZA
Reebok
Reebok
Barbie Style
THE BIG FAT
STANZA
SALE
THE BIG FAT
STANZA
SALE
30%

FunCity
FUN
FOOD
FASHION
FILMS
florista
FREE

Oberoi商场的建筑亮点在于其内部的纵向中庭设计，自动扶梯与玻璃桥在其中交错分布，为游客提供方便。同时，它也通过该中心的每一个楼层为所有租户提供了实时可视性。复杂的细节设计也为该方案增色不少，并生成一个现代商业街规划设计的典范。如此完美的作品，实为他处难逢的经典。

HIDESIGN

क्रॉसवर्ड
FOOD
FASHION
ESBEDA

CENTRAL
HAPPINESS
SALE
51%

SALE
ZODIAC

CENTRAL
HAPPINESS
SALE
UPTO 51% OFF

lifestyle

BIBA

ezone
EXPERIENCE ELECTRONICS
2nd Floor
VANHEUSEN
END OF SEASON
SALE
CENTRAL
HAPPINESS
SALE

附录

MVRDV

MVRDV建筑设计事务所于1993年在荷兰鹿特丹创立，由三位年轻的荷兰建筑师韦尼•马斯、雅各布•凡•里斯和娜莎莉•德•弗里斯组成。MVRDV 的设计和研究遍及城市规划、建筑和景观设计领域。早期的项目包括VPRO公共广播公司总部，阿姆斯特丹WoZoCo老年人住宅等，这些项目使MVRDV获得全世界范围的关注以及国际性的名誉。

目前正在施工或设计的项目包括荷兰、西班牙、中国、法国、奥地利、英国、美国、印度、韩国等国家的住宅，苏黎世电视中心，荷兰 Spijkenisse 公共图书馆，鹿特丹中心市场大楼，中国南京文化广场，挪威奥斯陆城市规划，阿尔巴尼亚Tirana综合社区规划，西班牙洛格罗尼奥生态城以及正在建设的荷兰新城阿尔梅勒市。

MVRDV 的作品在全球各地展览并发行，同时享誉众多国际名声。它拥有超过60名建筑师、设计师和工作人员，他们参与不同领域的设计项目并创造出高水准的设计构思。

Foreign Office Architects

FOA是Foreign Office Architects的简称，这是一个国际合作的事务所，创建于1995年，主要成员为Farshid Moussavi和Alejandro Zaera-Poloby。该公司总部设于伦敦，为公共及私人提供总体规划、建筑和室内设计等服务。日本、美国、荷兰和西班牙多个国家都有FOA的项目。

FOA是当今最重要的一间建筑和城市设计实践公司，以其将科技创新融入设计而闻名于世。FOA的作品广受好评，屡屡获奖。他们的设计属新派实用主义，要求技术严谨。他们关注设计“物种”的有机增长和进化问题，并根据当地和全球的环境做出制定。

MYS Architects

MYS是以色列目前规模最大的一家建筑设计公司，享有盛誉且经验丰富。自1950年创立以来，MYS集合了各类专业技术人才，拥有极大的应变能力和伸缩性，为客户提供多样化服务，以顾客满意度为导向并力求达到建筑设计的巅峰。

目前，MYS的产业已遍布全球，成为东欧最大的国际建筑公司。在阿尔巴尼亚，波斯尼亚，保加利亚，克罗地亚，塞浦路斯，捷克共和国，格鲁吉亚，匈牙利，哈萨克斯坦，黑山，波兰，罗马尼亚，塞尔维亚，乌克兰，俄罗斯等国家都有MYS的项目。

Fuksas Design

Massimiliano Fuksas的建筑师事务所位于罗马历史古迹的中心区。Massimiliano Fuksas 于1944年在罗马出生，1969年从La Sapienza大学的建筑专业毕业。1967年在罗马开设了自己的第一间工作室，1989年在巴黎开设第二间。他的设计秉承1968年的印象主义风格，主要倾向于公共项目（学校、住宅小区、大学、文化场所和博物馆），推崇服务与道德的美学观念：主要项目有维也纳国际建筑艺术节。1985年，他和他的学妹、现任妻子Doriana Mandrelli组成最佳拍档，专门接各式各样的意大利建筑来设计。后来这个夫妻档越做越成功，越做越有名，他们设计的领域就不再仅限于意大利，在欧洲、亚洲等经济发达地区也都留下了他们的建筑作品。尽管Massimiliano Fuksas夫妇在法国巴黎、奥地利的维也纳和德国的法兰克福都设有专门的办公室，但他们终究还是喜欢居住在历史悠久的罗马。

ATP architects and engineers

ATP建筑事务所是欧洲最大的一间综合性设计公司，员工超过420人。

ATP作为一间传统的建筑公司，于1951年在茵斯布鲁克成立。自1976年以来，ATP开始“从某一方面”为客户提供建筑工程方面的一体化综合服务，并逐渐成为跨学科的合资公司。ATP是以建筑为主的跨学科设计团队，在欧洲共设立8个办事处，为各类综合体建筑项目提供设计方案。

CREATE Architecture Planning & Design（PREIT）

CREATE建筑规划与设计公司是纽约最大胆、最有活力的综合建筑公司之一。于1996年创建，CREATE致力于以最优质的建筑设计迎合客户的不同需求。

CREATE拥有一支出色的专业团队，以为客户创造独一无二的价值和提供卓越的服务赢得信任，进而与客户建立并保持长期的合作关系。而确保项目优秀的根本在于他们对每一个项目的切身参与。

C. F. Møller Architects

C. F. Møller建筑事务所是斯堪的纳维亚半岛上最古老、最大的建筑事务所。事务所的工作涉及广泛的专业知识，涵盖方案分析、城市规划、总体规划，包括园林建筑以及开发和设计的建筑构件等所有建筑服务。简单、明确、谦逊和理想这四个信念，从公司1924年成立以来，就成为指导事务所工作的原则，并且不断的重新定义和解释以适应个别项目，来满足特定地点项目的国际化趋势和区域性特征。

今天，C. F. Møller建筑事务所已经拥有314名来自18个不同国家的建筑师，事务所的总部设在Århus，哥本哈根、奥尔堡、韦勒、奥斯陆、斯德哥尔摩和伦敦设有分部，同时在冰岛设有有限责任公司。

Erick van Egeraat

在Erick van Egeraat经历超过25年的设计实践后，他终于在荷兰、欧洲和俄罗斯联邦等地完成了一系列多样化的作品，其中不乏宏伟的高标准建筑。他曾带领完成超过10个国家的100多个项目，从公共和商业建筑到奢华的社会住房建筑，还为该城市甚至该地区制定了总体规划。

Building Design Partnership

BDP是欧洲最大的多学科建筑设计工程公司。BDP与用户、客户和社会紧密联系，创造出居住、工作、购物、文化等特定公共场所，并于欧洲、非洲、亚洲、澳洲等地考察学习。

BDP成立于1961年，放眼世界，在英国、爱尔兰、荷兰、阿联酋、印度等国家拥有17间工作室，并与法国建筑实践6小组建立合作关系。员工超过1,200人，包括建筑师、设计师、工程师、规划师、照明设计师、城市设计专家、可持续性设计专家、声学设计专家等各类专业人才。BDP的作品涉及社会各个主要领域：卫生、教育、工作场所、零售、城市规划、文物、房屋、交通及休闲娱乐。

De Architekten Cie.

De Architekten Cie.团队有着丰富的经验和独特的设计风格。成员由来自超过10个国家的约50名专业人士组成。我们的公司文化在创新的解决方案和个性化定制项目方面也得到充分的体现。

Wingårdh Arkitektkontor

Wingårdh Arkitektkontor致力于建筑的艺术和诗意维度，一直在超越平凡。他们主要为欧洲的公共建筑、私人建筑和企业建筑服务。

Wingårdh的作品常带给人惊喜，其中最显著的特点就是降低建筑物的入口水平，提升空间感，给人营造一个剧院的感觉。这种方式由Wingårdh的创始人Gert Wingårdh提出。他很快掀起了建筑界的新趋势。他用自己富有韵味的语言向人们解释将周边景观融入建筑的重要性：建筑设计不是死板地设计方案，而是对项目特点和周边环境的一个真实反映。比如木质的瑞典传统建筑就反映出强烈的生态意识与高科技的完美结合。

Laguarda Low Architects

美国LLA建筑师事务所创立于2000年，总部设在德克萨斯州，是一家屡获殊荣的国际建筑师事务所，由多位具有多年合作经验、配合默契且有出色设计创意的建筑设计师队伍组成。该事务所的业务遍布欧洲、亚洲、北美和南美，涉及领域十分之广，小型和大型综合建筑、零售/娱乐建筑、写字楼、度假村、住宅及其它公共设施。

该公司在国际市场上的成功主要归咎于他们对客户高效的应对能力和及时地传达创新的设计方案。LLA的设计理念是开放且不断发展的。他们着眼于对每一个项目在该城市扮演角色的理解，进而为客户证明他们方案的成功。

在过去10年来，LLA已参与设计超过25个国家的数百个项目，美国、中国、韩国、日本、印度、印尼、澳大利亚、巴西、智利、墨西哥等等。从南美最大的零售中心之一到日本横滨的prototypical Cosmo加油站，LLA都参与其中。

OFIS

建筑设计公司：OFIS

OFIS由Rok Oman和Spela Videcnik于1998年在卢布尔雅那联手创立。其中，Rok Oman曾在卢布尔雅建筑学院攻读建筑系，后于伦敦建筑协会就职；Spela Videcnik就读于卢布尔雅建筑学院，同样攻读建筑系，后于伦敦建筑协会就职。

Rios Clementi Hale Studios

Rios Clementi Hale工作室是加州的一间多学科设计公司，创立于1985年。在充满创意的工作环境中，Rios Clementi Hale追求创造出独特、全面、综合的环境设计方案。它拥有大量专业技术人才，业务涉及范围也十分广泛，包括有建筑、园林景观、平面、室内、展览及产品设计等。项目客户主要有公司、零售、机构、市政和住宅委员会。

Khatib & Alami

Khatib & Alami是一间涉及城市区域规划、建筑和工程咨询等多项服务的综合公司，并且通过可靠的项目交付系统为客户提供了多元化服务。公司内部的专业人士和不断加入的年轻专家，使Khatib & Alami在充分考虑到环保、社会的经济特征等前提下积极迎接社会经济发展带来的挑战。始终与客户保持密切的联系，并集合重要因素，从而在预定时间和开支预算内制定出符合客户意向的最终方案。

Adamson Associates Architects

Adamson Associates成立于1934年，以其具有悠久传统的出色设计和专业技术而闻名。该公司在加拿大、美国乃至全世界都设计了很多优秀的作品，这些建筑的种类各异，其中主要包括：商业建筑、文化建筑、酒店、住宅、研究中心、大规模综合建筑群、零售商店、娱乐场所、机场以及交通枢纽中心等。

Adamson Associates曾获得众多著名的奖项和赞誉。它参与设计的加拿大多伦多新的终端开发项目——多伦多机场、爱尔兰都柏林的Tara车站、中国北京的丰台科技园区等项目在多个国际设计比赛中获奖。

Adamson Associates的服务范围包括从最初的建筑规划、建筑设计到最终的建筑施工。服务项目包括：建筑和城市设计、总体规划、可行性研究、规划、室内设计、合同文件、价值工程、合同管理、建筑环境评估和建筑科学。

Klein Dytham architecture

Klein Dytham architecture是一个多元化的设计公司，主要的设计范围有：建筑，室内，公共空间以及装修。KDa设计公司由毕业于英国皇家艺术学院的Mark Dytham和日本的Astrid Klein在90年代初共同创立。如今的KDa已拥有日益显著的国际形象和越来越多的客户。

日本人渴望建筑中能够采用新颖敏感的素材和工艺性的细节处理，加上日新月异的城市环境都成了KDa设计构思的源泉。它结合了东西方元素，为人们提供新鲜视觉的同时还创造了外部的景色。

Petroff Partnership Architects

PPA建筑师事务所成立于1957年。90年代中期，随着北美经济，特别是商业建筑的大量扩张，PPA建筑师事务所不得不暂离亚洲及远东地区。集中技术力量在全加拿大及北美范围内携手最大、最强的商业开发实体，如沃尔玛、卡迪拉克泛优等，并不断研究探讨，进而推出一波又一波与崭新成功的商业模式相匹配的商业建筑。诸如多元锚地式购物中心、时尚生活中心等等。时至今日，加拿大PPA建筑师事务所仍为商业类建筑设计在世界范围上的领军团队。

T+T Design

T+T 设计公司是Multi “设计与发展”理念背后的主要动力之一，他们拥有来自多个国家的建筑专业团队，从事多元化设计，其中包括建筑、城市规划、室内设计和景观等。T+T 设计公司对每一个项目的设计方案都全心投入，在整个开发建设过程中都站在美学角度的立场，以确保Multi自身可以不断发展的同时也可以对每个项目都有独特的设计理念。

B&H Construire

Patrick Bouchain是B&H Construire的法国籍设计大师。他在设计作品之前会在感兴趣的人群、合作伙伴、居民、当地官员、邻里团体间建立一个关系网络。一旦这个网络形成，在这个场所的交流就会变得非常活跃。通常他会先将一小块地方开发成具有餐厅、办公室以及咨询部功能的区域。路人和对项目感兴趣的人会很容易发现这个地方，他们会提出设计建议或者只是像看电影一样做个旁观者。这个初始过程在建筑师、建筑者和当地居民间建立了良好的联系，而且在项目施工之前充分利用了场地资源。通过这样一种方式使得Bouchain的设计在现实世界中成为可能，并确保了最后建成的项目和场地相匹配且具有可行性，同时也充分地利用了资源。许多项目都是在最小的改动之下在城市的旧建筑上完成的，例如重新利用和翻新的工业大楼。

Erginoglu & Calislar

Erginoğlu & Çalışlar建筑公司由Hasan Çalışlar and Kerem Erginoğlu于1993年在伊斯坦布尔联手创立。该公司专门从事城市规划、建筑、室内设计以及协助规划申请等方面业务。

该公司秉承其经营理念，以其独特的眼光看待每一个项目，并经过创新的思维完成建筑设计方案。通过对国内外各种规模项目的成功设计，Erginoğlu & Çalışlar现已拥有十分丰富的经验。除了建筑和设计的业务之外，其合作伙伴还跨越土耳其在各大高校举办讲座并组建建筑工作小组。

Bentel Associates RDC

BAI于2003年在孟买建立，主要为印度的客户服务。自成立以来，印度办事处不断发展壮大，现今已通过对商场和综合体设计的成功设计中获取了丰富的本地和国际经验。BAI目前正在参与印度四个商场的项目设计。许多的印度客户都十分满意他们的设计，不仅仅因为他们精湛的设计功底，还有他们的技术服务等。